4週間でマスター

1級土木施工管理

技士補 技術検定問題集

第1次検定対策編

國澤　正和　編著

弘文社

◎ 主任技術者・監理技術者の設置とその職務 ◎

① 建設業者は，その請け負った建設工事を施工するときは，**主任技術者**を置かなければならない。

② 発注者から直接建設工事を請け負った特定建設業者は，下請代金額4500万円以上となる場合は，主任技術者に替えて**監理技術者**を置かなければならない。

③ 公共性のある施設等の建設工事（請負金額4000万円以上）については，主任技術者又は監理技術者は，工事現場ごとに，専任の者でなければならない。但し，監理技術者にあっては１級技士補を専任で置くときは，この限りでない。

④ 主任技術者及び監理技術者は，建設工事を適正に実施するため，当該建設工事の施工計画の作成，工程管理，品質管理その他の技術上の管理及び当該建設工事の施工に従事する者の技術上の指導監督の職務を誠実に行わなければならない（建設業法第26条，主任技術者及び監理技術者の設置等）。

は　じ　め　に

○　1級土木施工管理技士

　1級土木施工管理技術検定は，建設業法第27条に基づく国家資格です。土木工事に従事する**施工技術者**(注1)の技術の向上，技術水準の確保を目的として，指定試験機関である（一財）全国建設研修センターが実施しています。

　1級土木施工管理技士は，建設業法に定められた土木工事関係9業種(注2)の**一般建設業及び特定建設業**(注2)の許可に際して営業所ごとに置かなければならない**専任技術者**並びに工事現場ごとに置かなければならない施工の技術上の管理を司る**監理技術者**(注3)となることが認められます。

　特に，総合的な施工技術を要する**指定建設業**(注4)に係わる監理技術者は，1級の国家資格（1級土木施工管理技士等）に限定されています。また，1級土木施工管理技士1人につき，入札参加資格である「経営事項審査」の技術力評価が該当許可業種ごとに5点配点される等，その役割と使命は重要です。

○　技術検定制度（技士補の創設）

　建設業法の改正に伴い，1級土木施工管理技術検定は，従来の学科試験，実地試験から第1次検定，第2次検定へと再編され，**技士補制度**が創設されました。**第1次検定合格者**には，生涯有効な資格として**1級土木施工管理技士補**の称号が与えられ，**監理技術者補佐**としての役割を担えるようになり，技術力評価が4点付与され，また，2級土木施工管理技士を有する者は，従来必要とされた1級に必要な実務経験を経ることなく，すぐに**1級技術検定**の**第1次検定**まで受検することができます。なお，第2次検定受検には，相当する実務経験が必要です。

　1級技術検定（第2次検定）合格者は，**1級土木施工管理技士**として**監理技術者**となる資格を得ます。

　本書は，1級技術検定（第1次検定）の**直前突破用の受検テキスト**です。多くの皆様が本書を活用され，合格されますことを願っています。

著　者

(注1) **施工技術**：設計図書に従って建設工事を適正に実施するために必要な専門知識及び応用能力。

(注2) **建設の種類** P142参照のこと。**特定建設業**とは，発注者から直接請け負う1件の建設工事を，4500万円以上の下請契約をして施工するもの。**一般建設業**とは，特定建設業以外の許可を受けた建設業をいう（P126）。

(注3) 特定建設業における施工の技術上の管理を司る技術者（P126）。

(注4) **指定建設業**とは，土木工事業，建築工事業，電気工事業，管工事業，鋼構造物工事業，舗装工事業，造園工事業の7業種。土木工事では，土木工事業，鋼構造物工事業，舗装工事業の3業種が該当（P142）。

技術検定制度

　1級土木施工管理技術検定は，**第1次検定**（監理技術者補佐としての知識と応用能力の判定）と**第2次検定**（監理技術者として，実務経験に基づく工事管理・指導監督に関する知識と応用能力の判定）から成る。

　第1次検定合格者には，**1級技士補**の資格が与えられる。一定の実務経験を有する1級技士補は，監理技術者を補佐する者（**監理技術者補佐**）として現場に専任で配置され，これにより元請の**監理技術者**は当面2現場の兼務が可能となる（この場合特例監理技術者という）。第2次検定合格者は，1級土木施工管理技士として**監理技術者**の資格を得る。

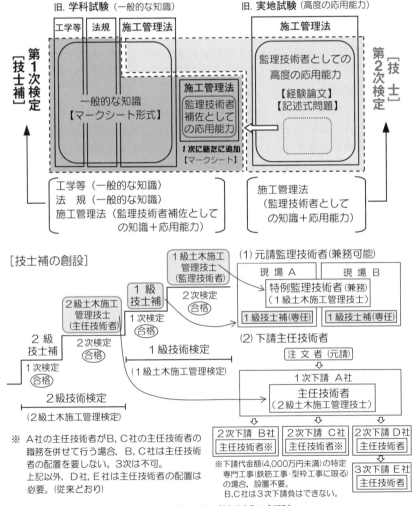

図　キャリアUP（技士補の創設）

目　　次

5

土木工学等　第2章　専門土木（選択問題・問題A）

2-1　RC・鋼構造物工事

2-2　河川・砂防工事

2-3　道路・舗装工事

2-4　ダム・トンネル工事

2-5　海岸・港湾工事

2-6　鉄道・地下構造物工事

法　規	第3章　法　規（選択問題・問題A）

受検案内

❶ 1級土木施工管理技士の資格取得まで

1）資格取得までのフローシート

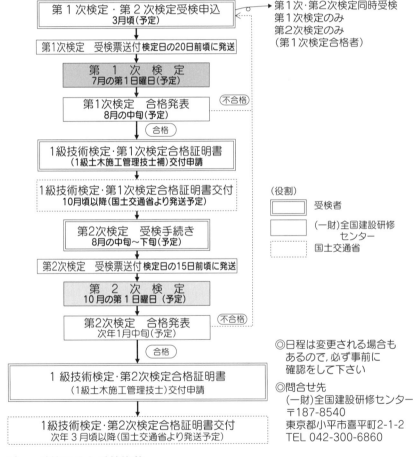

第１次検定・第２次検定受検申込
3月頃（予定）
→ 第１次・第２次検定同時受検
第１次検定のみ
第２次検定のみ
（第１次検定合格者）

第１次検定　受検票送付 検定日の20日前頃に発送

第　１　次　検　定
7月の第１日曜日（予定）

第１次検定　合格発表
8月の中旬（予定）　不合格

合格

1級技術検定・第１次検定合格証明書
（1級土木施工管理技士補）交付申請

1級技術検定・第１次検定合格証明書交付
10月頃以降（国土交通省より発送予定）

第２次検定　受検手続き
8月の中旬～下旬（予定）

第２次検定　受検票送付 検定日の15日前頃に発送

第　２　次　検　定
10月の第１日曜日（予定）

第２次検定　合格発表
次年1月中旬（予定）　不合格

合格

1級技術検定・第２次検定合格証明書
（1級土木施工管理技士）交付申請

1級技術検定・第２次検定合格証明書交付
次年３月頃以降（国土交通省より発送予定）

（役割）
　受検者
　(一財)全国建設研修センター
　国土交通省

◎日程は変更される場合もあるので，必ず事前に確認をして下さい

◎問合せ先
(一財)全国建設研修センター
〒187-8540
東京都小平市喜平町2-1-2
TEL 042-300-6860

2）　受検区分と受検資格

① **第１次・第２次検定 同時受検者**：必要な実務経験を有する者，表１区分１。

② **第１次検定のみ 受検者**：区分１又は区分２。

③ **第２次検定のみ 受検者**：第１次検定合格者，但し，区分２の２級合格者
　　　　　　　　　　　　　　は，必要な実務経験を有すること。

表1　1級土木施工管理技術検定（第1次検定の受検資格）

区分	学歴又は資格	実務経験年数	
		指定学科卒業後	指定学科以外卒業後
1	大学，専門学校（高度専門士に限る）	3年以上	4年6カ月以上
	短期大学，高等専門学校 専門学校（専門士に限る）	5年以上	7年6カ月以上
	高等学校，中等教育学校 専門学校（高度専門士・専門士を除く）	10年以上 （8年以上※1・2）	11年6カ月以上 （9年6カ月以上※1）
	その他の者	15年以上（13年以上※1）	
2	2級合格者※3	－	

※1　専任の主任技術者の経験が1年以上ある場合
※2　指導監督的実務経験を含んだ5年以上の経験の後，専任の監理技術者による指導を2年以上受けた経験がある場合
※3　2級土木施工管理技術検定（第2次検定）合格者及び令和2年以前の2級土木施工管理技術検定（実地試験）合格者。区分1に相当する実務経験は不要。

注：令和6年度の試験より受検資格が変更になります。（P14　2．参照）
**　　各自必ず試験機関のホームページ等で最新の情報を確認して下さい。**

❷ 第1次検定の内容

1）1級土木施工管理技術検定は，**第1次検定**（7月実施）と**第2次検定**（10月実施）とに分けて行われます。第1次検定の出題形式が4肢択一方式（マークシート）であるのに対し，第2次検定はすべて記述方式です。

2）**第1次検定**は，問題A（選択問題）と問題B（必須問題）から成る。**問題Aは，「土木一般」，「専門土木」及び「法規」の3分野から，問題Bは，測量，設計図書・契約，機械等の「共通工学」，「施工管理法」の分野から出題される。その内容は表2のとおり。**

表2　1級技術検定内容

検定区分	検定科目	知識能力	検定基準	方式
第1次検定	土木工学等	知識	・土木工学，電気工学，電気通信工学，機械工学及び建築学に関する一般的な知識 ・設計図書に関する一般的な知識	マークシート方式
	施工管理法	知識	・**監理技術者補佐としての，施工計画の作成方法及び工程管理，品質管理，安全管理等工事の施工の管理方法に関する知識**	
		能力	・**監理技術者補佐としての施工の管理を適確に行うために必要な応用能力**	
	法規	知識	・建設工事の施工に必要な法令に関する一般的な知識	
第2次検定	施工管理法	知識	・**監理技術者として工事の施工の管理を適確に行うために必要な知識**	記述式
		能力	・**監理技術者として土質試験及び土木材料の強度等の試験の正確**な実施かつその結果に基づいて必要な措置を行うことができる応用能力 ・**監理技術者として設計図書に基づいて工事現場における施工計**画の適切な作成，施工計画を実施することができる応用能力	

※**太字**検定制度改正による変更部分

第1次検定の出題傾向と対策

1 出題範囲

第1次検定では、**監理技術者補佐**として、工事施工の管理を適確に行うために必要な**知識及び応用能力**を有するかどうかが判定されます。
これまでの学科試験で求めていた知識問題を基本に、**実地試験で求めていた能力問題の一部**が試験範囲に追加されました。合格基準も**全体の得点60%以上**に加え、この**応用能力問題での正答率60%以上**が求められています。第5章は特に念入りに学習して下さい。

表3　第1次検定の出題分布・選択率

問題	問題番号	分　野	項　目　（　）出題数	出題数	解答数
問題A	No.1〜15 選択問題	土木一般	土工(5)，コンクリート工(6)，基礎工(4)	15	12
	No.16〜49 選択問題	専門土木	RC・鋼構造物(5)，河川・砂防(6)，舗装(6)，ダム・トンネル(4)，海岸・港湾(4)，鉄道・地下構造物(5)，上下水道(4)	34	10
	No.50〜61 選択問題	法　規	労働基準法(2)，労働安全衛生法(2)，建設業法(1)，火薬類取締法(1)，道路関係法(1)，河川法(1)，建築基準法(1)，騒音・振動規制法(2)，港則法(1)	12	8
問題B	No.1〜20 必須問題	共通工学	測量(1)，設計図書・契約(2)，機械・電気(1)，	20	20
		施工管理	施工計画(1)，工程管理(1)，安全管理(7)，品質管理(3)，環境保全・建設副産物(4)		
	No.21〜35 必須問題	施工管理法(注) （応用能力）	施工計画(4)，工程管理(3)，安全管理(4)，品質管理(4)	15	15

（注）施工管理法は、穴あき問題で出題される。

2 出題傾向と対策

1）**選択問題（問題A）**は、「土木一般」、「専門土木」及び「法規」の3科目から**合計61問出題され、30問選択解答する**。4肢択一形式（マークシート方式）で、試験時間は午前中の2時間30分です。

①「**土木一般**」は、土工、コンクリート工及び基礎工に関する分野。広く浅く基礎知識を整理しておくこと。

②「**専門土木**」は、RC・鋼構造物、河川・砂防工事、道路・舗装工事、ダム・トンネル工事、海岸・港湾工事、鉄道・地下構造物及び上下水道工事等の専門土木工事に関する分野。

　「専門土木」の分野は，選択幅が大きく専門性が高いため各人の得意分野を絞り込んで学習する。あるいは，全体を見てやさしい問題を選択解答してもよい。

③ 「**法規**」は，労働基準法，労働安全衛生法，建設業法，火薬類取締法，道路関係法，河川法，建築基準法，騒音規制法・振動規制法及び港則法等に関する分野。基本的な条文は整理しておくこと。

2 ）必須問題（問題 B ）は，「**共通工学**」，「**施工管理**」，「**施工管理法（応用能力）**」から合計35問出題され，**すべて必須です**。4 肢択一形式（マークシート方式）で，試験時間は午後の 2 時間です。

① 測量，設計図書・契約及び機械等に関する**共通工学**（4 問）の分野及び施工計画（建設機械を含む），工程管理，安全管理，品質管理及び環境保全・建設副産物に関する**施工管理**（16問）・**施工管理法**（応用能力，15問）の分野。

② 施工管理・施工管理法の分野は，この技術検定の中心となるところであり，重要です。**施工管理法（応用能力）の得点は60％以上（15問中 9 問の正答）が必要です**。

③ 資格取得のメリット

1 ）1 級技士補の資格を取得した場合のメリット

① **監理技術者補佐**として監理技術者の職務を補佐する役目を担うことができる。これにより元請の**監理技術者**は，複数（当面 2 現場）の兼務が可能となる。「1 現場 1 名の専任配置義務」からの緩和措置。

② 1 次検定合格者は**1 級技士補**資格者となり，第 2 次検定の受検資格が無期限に有効，所定の実務経験後は何度でも 2 次検定からの受検が可能。

③ 経営事項審査の技術力評価が該当許可業種ごとに 4 点となる[注]。

2 ）1 級土木施工管理技士の資格を取得した場合のメリット

① 土木工事関係 9 業種（表 4 の◎印の業種）の営業所の**専任技術者**，工事現場の**監理技術者**として認められる。「監理技術者資格者証」の交付申請ができる。

② 特定建設業で**指定建設業**の専任技術者，監理技術者は，1 級土木施工管理技士に限られ，その資格を得る。

③ 経営事項審査の技術力評価が該当許可業種ごとに 5 点となる[注]。

　（注）　入札参加資格における技術力評価の配点。

表4　監理技術者・主任技術者　　　　　　※指定建設業

建設業の種類（29業種の工事業）＼資格区分	土木※	建築※	大工	左官	とび・土工	石	屋根	電気	管※	タイル・れんが・ブロック	鋼構造物※	鉄筋	舗装※	浚渫	板金	ガラス	塗装	防水	内装仕上	機械器具設置	熱絶縁	電気通信	造園※	さく井	建具	水道施設	消防施設	清掃施設	解体
1級土木施工管理技士	◎				◎	◎					◎		◎	◎			◎						◎			◎			◎
2級土木施工管理技士　土木	○				○	○							○	○									○			○			○
2級土木施工管理技士　鋼構造物塗装																	○												
2級土木施工管理技士　薬液注入					○																								

◎　**特定建設業**の営業所の専任技術者，現場の監理技術者となり得る国家資格。

○　**一般建設業**の営業所の専任技術者，現場の主任技術者となり得る国家資格。

※　**指定建設業**：建設業29業種のうち，総合的な施工技術を要する**土木工事業**，建築工事業，電気工事業，管工事業，**鋼構造物工事業，舗装工事業**，造園工事業の7業種。

（注）特定建設業とは，発注者から直接請け負う建設工事を4,500万円以上の下請契約を結んで施工するものをいう。一般建設業とは，特定建設業以外の許可を受けた建設業をいう。

（注）監理技術者及び特定建設業の営業所の専任技術者となり得る資格を有する者は，主任技術者及び一般建設業の営業所の専任技術者となり得る。

（注）営業所とは，本店又は支店もしくは常時建設工事の請負契約を締結する事務所。

法改正情報

1. 近年の工事費の上昇を踏まえ，**金額要件の見直し**により，下記の金額が変更されました。　（建設業法施行令の一部を改正する政令　令和5年1月1日施行）

	改正前	改正後
特定建設業の許可・監理技術者の配置・施工体制台帳の作成を要する下請代金額の下限	4000万円（6000万円）	4500万円（7000万円）
主任技術者及び監理技術者の専任を要する請負代金額の下限	3500万円（7000万円）	4000万円（8000万円）
特定専門工事の下請代金額の上限	3500万円	4000万円

（　　）建築一式工事

2. 技術検定の受検資格の見直し　　　　　　（令和6年4月1日施行予定）

　　令和6年度の検定試験より，第1次検定については，一定年齢以上の全ての方に受検資格を認める方向で検討されています（案：1級は19歳以上）。

　　また受検資格の見直しに伴い，各学校において国土交通大臣が定める専門性の高い学科を履修した方は，第1次検定の一部科目が免除されます。

　　今後の国土交通省令の改正により決定されますので，**令和6年度以降受検**の方は（**注令和5年度は現行通り**），必ず試験機関ホームページ等で最新の情報を確認して下さい。

第1章

土木一般

［選択問題・問題A］

内容

1. 土 工
2. コンクリート工
3. 基 礎 工

対策

1. 土木工学等のうち，土木一般では土工，コンクリート工及び基礎工の一般的知識が問われる。

   15問出題，うち12問題選択・解答。土工（5題），コンクリート工（6題），基礎工（4題）。

2. 土木一般の内容は，第2章「専門土木」以降の基礎となるもので，基本的な項目については整理しておく必要があります。

3. 解答は，4肢択一でマークシート形式です。消去法で解くと，正解率を高めることができます。問に対して最も正解でないと思われるものから消去していき，最後に残ったものを解答する。

重要問題1 土質調査・サウンディング

サウンディングによる土質調査に関して，**適当でないもの**はどれか。

(1)　標準貫入試験は，規定重量のハンマを自由落下させ，抵抗部分が30 cm
貫入に要する打撃回数 N 値を測定し，土の締まり具合を判定する。

(2)　スウェーデン式サウンディング試験は，規定のおもりを載荷したとき
のスクリューポイントの静的貫入及び静的貫入停止後の人力による半回
転数を測定し，軟らかい粘土や緩い砂質土層の層厚を確認する。

(3)　オランダ式二重管コーン貫入試験は，静的貫入によりマントルコーン
を連続的に5 cm押し込んだときに，コーン底面に作用する貫入抵抗を
測定し，砂層の支持力などを推定する。

(4)　ポータブルコーン貫入試験は，人力によりコーンの静的貫入を行い，
その時のコーン断面積当たりの抵抗値を測定し，礫質土の締固め管理な
どに用いる。

解答と解説 サウンディングによる土質調査

○　**土質調査**には，現場におけるボーリング・サウンディング等の**原位置試験**
及び採取した試料を室内で調べる**土質試験**がある。**サウンディング**とは，
ロッド先端の抵抗体を貫入・回転・引抜き等の力を加えた際の抵抗から土層
の分布と強さを判定する原位置試験。

(1)　**標準貫入試験**は，ボーリングロッドの先端にサンプラーを取り付け，63.5
±0.5 kg のハンマを76±1 cm の高さから自由落下させてサンプラーを
30 cm貫入させるのに要する**打撃回数（N値）**により，地盤の硬軟，締まり具
合を判定する（P19，図1・4）。

(2)　**スウェーデン式サウンディング試験**は，**静的貫入荷重**と**回転貫入**を併用し
てロッド先端のスクリューポイントを地盤に貫入させ，土の硬軟や締まり具
合を判定する。比較的硬い地盤（N 値30程度まで）にも適用できる。

(3)　**オランダ式二重管コーン貫入試験**は，マントルコーンを取り付けたロッド
を，静的荷重により5 cm貫入させたときの圧入力により**コーン貫入抵抗力**
より土の硬軟や締まり具合を判定する。

(4)　**ポータブルコーン貫入試験**は，ロッド先端のコーンを人力で1 cm/sec の
速さで貫入し，単位面積当たりの**コーン指数 kN/m²**を求める。施工機械の
トラフィカビリティーの判定や比較的浅い層の軟弱地盤の判定に用いられ
る。締固め管理には用いられない（図1・1）。

表1・1　土工の調査に用いる主な原位置試験

試験の名称	試験結果から求められるもの		試験結果の利用
弾性波探査	地盤の弾性波速度	V	地層の種類，性質 成層状況の推定
電気探査	地盤の比抵抗値	$\Omega \cdot m$	地下水の状態の推定
単位体積質量試験 （現場密度試験）	湿潤密度 乾燥密度	ρ_t ρ_d	締固めの施工管理 （砂置換法，又はカッター法，RI法）
標準貫入試験※	N 値		土の硬軟，締まり具合の判定
スウェーデン式サウンディング※	静的貫入荷重 半回転数	W_{sw} N_{sw}	土の硬軟，締まり具合の判定
オランダ式二重管コーン貫入試験※	コーン指数	q_c	土の硬軟，締まり具合の判定
ポータブルコーン貫入試験※	コーン指数	q_c	トラフィカビリティーの判定
ベーン試験	粘着力	c	細粒土の斜面や基礎地盤の安定計算
平板載荷試験	地盤係数	K	締固めの施工管理
現場透水試験	透水係数	k	透水関係の設計計算 地盤改良工法の設計

※　サウンディング調査

解答　(4)

関連問題　土の原位置試験に関して，**適当でないもの**はどれか。

(1)　盛土の品質管理の目的で行う現場密度の測定は，締め固めた土の締固め度，飽和度，空気間隙率等を求めるものである。

(2)　一般にトラフィカビリティーは，コーンペネトロメータで測定した塑性指数で示される。

(3)　ベーン試験は，軟弱な粘性土，シルト，有機質土のせん断強さを現地において測定するものである。

(4)　現場透水試験は，地盤に井戸又は観測孔を設け揚水又は注水時の水位や流量を測定し，原位置における透水係数を求めるものである。

解説 コーン指数とトラフィカビリティー

(2)　**ポータブルコーン貫入試験**は，ダンプ，トラック，ブルドーザ，スクレーパなどの建設機械の走行性（**トラフィカビリティー**）の判定のために行われる。コーン指数（単位面積当たりの貫入抵抗，kN/m^2，P30参照）を求め，簡易に原位置の土の**強さ**を判定するサウンディングである。**コーン指数**は，粘性土のせん断強さの目安となる。塑性指数（P21）を参照。

解答　(2)

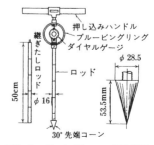

図1・1　ポータブルコーン貫入試験

重要問題2 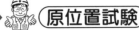 **原位置試験**

　土の原位置試験で，「試験の名称」，「試験結果」及び「試験結果の利用」との組合せとして，**適当なもの**はどれか。

	[試験の名称]	[試験結果]	[試験結果の利用]
(1)	弾性波探査	……地盤の比抵抗値	………地層の種類，性質，成層状況の推定
(2)	平板載荷試験	……コーン指数	………締固めの管理
(3)	ベーン試験	……粘着力	………細粒土の斜面や基礎地盤の安定計算
(4)	スウェーデン式サウンディング	……乾燥密度	………トラフィカビリティーの判定

解答と解説 **原位置試験**

○　**原位置試験**とは，土がもともとの位置にある自然の状態のままで実施する試験をいう。

(1)　**弾性波探査試験**は，地中を伝播する弾性波の速度が，硬質な岩石ほど速く，軟らかく緩んだ岩石は速度が遅くなることから，その**弾性波速度**で地層の種類や性質，成層状況を推定する。

　　弾性波探査→<u>地盤の弾性波速度</u>→地層の種類，性質，成層状況の推定

(2)　**平板載荷試験**は，地表面に置いた直径 30 cm の円盤に荷重をかけ，沈下量を読み取り支持力係数（**地盤係数**）K を求める。支持力の算定に用いる。

　　平板載荷試験→<u>支持力係数</u>→締固めの管理

(3)　**ベーン試験**は，十字型の羽根（ベーン）をロッド先端に取り付け，ロッドを回転させるときのせん断力より，土の**粘着力**（c）を求める試験である。

　　試験結果は，細粒度の斜面や基礎地盤の安定計算に用いる。

図1・2　平板載荷試験　　　**図1・3　ベーン試験**

(4)　**スウェーデン式サウンディング**（**試験**）は，**静的貫入抵抗**（W_{sw}, N_{sw}）を求め，<u>土</u>の硬軟，締まり具合や土層の構成を判定する。　**解答**　(3)

1.1

土

工

関連問題 土の原位置試験で，「試験の名称」，「試験結果」及び「試験結果の利用」の組合せで，**適当なもの**はどれか。

［試験の名称］	［試験結果］	［試験結果の利用］
(1) ポータブルコーン貫入試験	………地盤係数	…………締固めの管理
(2) 電気探査	………透水係数	…………地盤改良工法の設計
(3) 平板載荷試験	………コーン指数	…………トラフィカビリティーの判定
(4) 標準貫入試験	………N 値	…………締まり具合の判定

解説 原位置試験から判定できるもの

(1) ポータブルコーン貫入試験→コーン指数→トラフィカビリティーの判定。

(2) **電気探査**は，地中に電流を流し，地盤の電気比抵抗値の分布から地層中の滞水層の分布を推定する。
電気探査→地盤の比抵抗値→地下水の状態の推定

(3) 平板載荷試験→地盤係数 K→締固めの施工管理。

解答 (4)

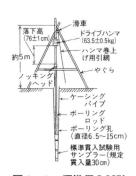

図 1・4　標準貫入試験

関連問題 標準貫入試験による調査結果から「調査地盤」とその「判別推定できる事項」との組合せとして，**適当でないもの**はどれか。

［調査地盤］	［判別推定できる事項］
(1) 砂 地 盤	………相対密度，せん断抵抗角
(2) 砂 地 盤	………支持力係数，弾性係数
(3) 粘土地盤	………沈下に対する許容支持力，透水係数
(4) 粘土地盤	………コンシステンシー，一軸圧縮強さ

解説 標準貫入試験 N 値からの判別推定事項

(3) **標準貫入試験**の打撃回数 N 値から判別推定される事項は，①砂地盤では相対密度，せん断抵抗角（内部摩擦角 φ），沈下に対する許容支持力，弾性係数が，②**粘土地盤**ではコンシステンシー，一軸圧縮強さ（粘着力，破壊に対する許容支持力）等が判別・推定できる。

解答 (3)

重要問題❸　　👷　土質試験

土質試験結果の活用に関して，**適当でないもの**はどれか。

(1) 土の含水比試験結果は，土の間隙中の水の質量と土粒子の質量の比で示され，乾燥密度と含水比の関係から盛土の締固めの管理に用いられる。

(2) 粒度試験結果は，粒径加積曲線で示され，曲線の立っている土は粒径の範囲が狭く，土の締固めでは締固め特性のよい土と判断される。

(3) 一軸圧縮試験結果は，飽和した粘性土地盤の強度を求め，盛土及び構造物の安定性の検討に用いられる。

(4) 圧密試験結果は，飽和した粘性土地盤の沈下量ならびに沈下時間の推定に用いられる。

解答と解説　土質試験

○ **土の判別分類のための試験**：

粒度・間隙比・飽和度，空気間隙率を求める**密度試験**，土の間隙中の水の量を求める**含水比試験**，自然状態の細粒土の安定性の判定を求める**コンシステンシー試験**（液性限界，塑性限界），粒度による**土の分類**，材料としての土の判定を求める**粒度試験**などがある。

○ **土の力学的性質を求める試験**：

路盤・盛土の施工方法・施工管理・相対密度を求める**締固め試験**，基礎・斜面・擁壁などの安定計算に**せん断試験**（一面せん断試験，一軸圧縮試験，三軸圧縮試験），粘土層の沈下量を求める**圧密試験**，たわみ性舗装の支持力を求める**CBR試験**などがある。

(2) **粒度試験**（土粒子の粒径別含有割合）の結果を示す**粒径加積曲線**で，曲線が立っているような土は，<u>粒径がそろっていて粒度分布が悪く間隙が詰まりにくいので，締固め特性が悪い</u>。

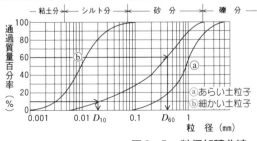

粒径加積曲線において，曲線の傾きが緩やかなものは（$U_c < 10$），広範囲の土粒子を含み粒度分布の良い土である。均等係数 $U_c = D_{60}/D_{10}$ で表す。
$U_c \geqq 10$：粒度分布がよい
$U_c < 10$：粒度分布が悪い

図1・5　粒径加積曲線

（2）

土

工

> 関連問題　細粒土の工学的性質に関して，**適当でないもの**はどれか。
>
> (1)　自然含水比が塑性限界より小さいときは，施工中に泥状化しやすい。
> (2)　液性限界が大きくなるにつれて土の圧縮性が増加する。塑性指数が大きくなるにつれて粘性が増加し吸水による強度低下が著しい。
> (3)　コンシステンシー指数は，粘性土の相対的な硬さや安定度を示す。
> (4)　液性限界と塑性限界は，一般に，土粒子の粒径が小さくなるほど，また，粒径の小さい土粒子の割合が多くなるほど大きくなる傾向がある。

解説　土のコンシステンシー試験

○　**土質試験**では，土の工学的性質を調べるため現地で採取した土試料から，土の判別分類のための試験，力学的性質を求める試験などを行う。

○　**細粒土**（シルト以下の細粒分の含有量が質量比で50％以上）は，水分量によってその性質が大きく異なる。**含水比**（土中の水と土粒子の質量比）が大きいときは**液状**で流動性を帯び，含水比の減少につれ**塑性状**（せん断抵抗を発揮する）となり，やがて**固体状**になる。水量の多少による軟らかさ（変形・流動に対する抵抗性）の程度を**土のコンシステンシー**という。

①　**液性限界**（LL）：土がその自重で流動する時の最小の含水比 w_l をいう。含水比による盛土の安定性の判断に用いる。

②　**塑性限界**（PL）：土が塑性を示す最小の含水比 w_p，材料土としての適否の判断に用いる。

③　**収縮限界**（SL）：体積収縮の完了した時の含水比 w_s，土の凍結性の判定。

④　**塑性指数**（I_p）：液性限界と塑性限界の差 $I_p = w_l - w_p$ をいう。土が塑性を保つ含水比の範囲で，塑性指数の大きい土ほど粘土分が多く，吸水による強度低下が著しい。

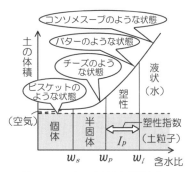

図1・6　土の含水比と体積変化（コンシステンシー限界）

⑤　**コンシステンシー指数**（I_c）：粘性土の相対的な硬さ，安定度を示す。
$I_c = (w_l - w_n)/I_p$，（w_n：自然含水比）。$I_c \geqq 1$ のとき，安定状態にある。

(1)　自然含水比 w_n が塑性限界 w_p より<u>大きい</u>場合，施工中に泥状化しやすい。

解答　(1)

重要問題4　土の締固め

土の締固めの規定に関して，**品質規定方式に該当しないもの**はどれか。

(1) 基準試験の最大乾燥密度，最適含水比によって規定する方法

(2) 空気間隙率又は飽和度を施工含水比で規定する方法

(3) 締め固めた土の強度，変形特性を規定する方法

(4) 使用する締固め機械の機種，締固め回数などを規定する方法

解答と解説　土の締固めと締固めの確認

○ 外から圧力を加えて土中の空気を追い出し，体積を小さくして密度を高めることを土の**締固め**という。土の間隙が最小となる時の乾燥密度を**最大乾燥密度** ρ_{dmax}，この時の含水比を**最適含水比** w_{opt} という。

○ **締固めの目的**は次のとおり。

① 密度を高め，水の浸入による軟化・膨張を防ぐ。

② 盛土の安定・支持力の増大を図る。

③ 盛土完成後の圧縮沈下を小さくする。

○ **締固め規定の方式**には，次の**品質規定方式**と**工法規定方式**の二通りがある。

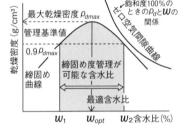

図1・7　土の突固め曲線

1. **品質規定方式**：盛土に必要な品質を仕様書に明示し，締固めの施工法については施工者にゆだねる方式をいう。

① **乾燥密度規定**：最も一般的な方法で，道路盛土で**締固め度**を90％以上，河川堤防で85％以上，施工含水比を図1・7の $w_{opt} \sim w_2$ の範囲とする。

$$締固め度 = \frac{現場の締固め後の乾燥密度\ \rho_d}{室内締固め試験の最大乾燥密度\ \rho_{dmax}} \times 100\ （\%）$$

$$\cdots\cdots\cdots\cdots 式（1・1）$$

② **空気間隙率又は飽和度規定**：締固めた土が安定な状態である条件として，間隙率10～20％以下，又は飽和度85～95％以上とする。自然含水比の高い粘性土で，①の規定が困難な場合に用いる。

③ **強度特性規定**：土の強度，変形特性を貫入抵抗，現場CBR，支持力係数，プルーフローリングによるたわみ等により規定する。

2. **工法規定方式**：締固め機種・締固め回数など，工法を仕様書に規定する方式をいう。盛土材料の土質，含水比があまり変化しない現場で便利である。

① 締固め機種，回数の規定， ② 巻厚等の施工法の規定　　**解答** (4)

関連問題 土の締固めに関して，**適当なもの**はどれか。

(1) 締め固めた土の強度特性は，締固め直後の状態では，最適含水比において，強度，変形抵抗及び圧縮性とも最大となる。

(2) 締固めの目的は，土中の空気を増加させ，外力に対する抵抗性を大きくし，安定性をより高めるために行う。

(3) 締固め効果は土の種類によって異なり，粒度のよい砂質土は粘性土と比較して最大乾燥密度が大きく，締固め曲線の形状がなだらかである。

(4) 含水比の高い粘性土をローラで締め固める場合は，締固め回数を増しても締め固まらず，かえって繰り返すことによって強度は低下する。このような現象をオーバーコンパクションと呼ぶ。

解説 土の締固め，土の状態の表し方

(1) **最適含水比**で締め固められた土は，締固め直後において盛土の安定，支持力などが最大となり，圧密沈下などの圧縮性は改善され小さい。

(2) **締固めの目的**は，土中の空気を少なくし密度を高め，外力に対する抵抗性を増し，水の浸入による軟化・膨張を少なくし土の安定性を図ることにある。

(3) 粒度のよい砂質土は，最大乾燥密度が大きく，締固め曲線は急勾配となる。一方，細粒土ほど最大乾燥密度が小さく，締固め曲線はなだらかである。

(4) **含水比**の高い粘性土を大きなエネルギーで締め固めると，繰り返し作用によるせん断破壊のため土の強度が低下する（**オーバーコンパクション**）。

解答 (4)

○ **土の状態**は，土粒子，水，空気の体積や質量の相互の比率で表す。

$$
\begin{aligned}
&乾燥密度\ \rho_d = \frac{m_s}{V}, &&湿潤密度\ \rho_t = \frac{m}{V} \\
&含水比\quad w = \frac{m_w}{m_s} \times 100\ (\%), &&飽和度\quad S_r = \frac{V_w}{V_v} \times 100\ (\%) \\
&間隙率\quad n = \frac{V_v}{V} \times 100\ (\%), &&間隙比\quad e = \frac{V_v}{V_s}
\end{aligned}
$$
……式(1・2)

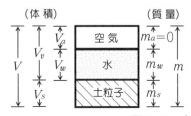

土の状態を表す要素

・水の含み具合（含水比）

・締り具合（湿潤・乾燥密度）

・すき間の量（間隙比，飽和度）

図1・8　土の構成図

重要問題5 土量の変化率

土工作業における土量の変化率に関して，**適当でないもの**はどれか。

(1) 土量の変化率 L は，地山土量をほぐした土量で除したものであり，土の運搬計画を立てるときに用いられる。

(2) 土量の変化率 C は，締め固めた土量を地山の土量で除したものであり，土の配分計画を立てるときに必要である。

(3) 土量の変化率 C は，その工事に大きな影響を及ぼす場合，試験施工によってその値を求めることが望ましい。

(4) 岩石の変化率は，測定そのものが難しいために，施工実績を参考にして計画し，実態に応じて変更していくことが望ましい。

解答と解説　土量の変化率

○　地山を切りくずし，再びこれを締め固めた場合には土量に変化が生じる。土量の変化率を**地山土量を基準**にして，**ほぐし率 L，締固め率 C** で表す。L は土の**運搬計画**に，C は土の**配分計画**に必要となる（P155，土積図）。

$$\text{ほぐし率} \, L = \frac{\text{ほぐした土量}}{\text{地山の土量}}$$
$$\text{締固め率} \, C = \frac{\text{締固め後の土量}}{\text{地山の土量}}$$
　………式（1・3）

① ほぐした土量（運搬土量）は，必ず地山土量よりも多くなる。

② 締固め土量（盛土量）は，地山土量よりも少なくなる。

③ 変化率 L，C は，土質によって異なる。

（砂質土で $L=1.20\sim1.30$，$C=0.85\sim0.95$ である）

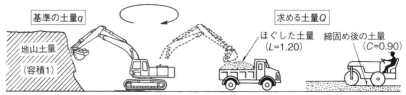

ポイント　土量計算は，一度地山土量 q の状態にもどしてから，求めたい土量 Q（ほぐした土量，締め固めた土量）を計算する。

図1・9　土量の変化率

(1) 土量の変化率 L は，ほぐした土量を地山土量で除したものである。

解答 (1)

関連問題 13,000 m³（締固め土量）の盛土工事において，隣接する切土（砂質土）箇所から10,000 m³（地山土量）を流用し，不足分を土取場（礫質土）から採取し運搬する場合，土取場から採取土量を運搬するために要するダンプトラックの**運搬延べ台数**はどれか。

　　　ただし，砂質土の変化率　　$L=1.20$，　　$C=0.85$
　　　　　　礫質土の変化率　　$L=1.40$，　　$C=0.90$
　　　ダンプトラック１台の積載量（ほぐし土量）8.0 m³とする。

(1)　361台　　　　　(2)　506台　　　　　(3)　625台　　　　　(4)　875台

解説　運搬土量の計算

○　土量の変化については，**求める土量 Q** と**基準となる土量 q** との間には，表1・2に示す関係がある。土量計算にこの**土量換算係数 f** を用いる。

　　$Q = f \cdot q$　　　　　　　　　　　　　　　　………式（1・4）

表1・2　土量換算係数 f の値

求める土量(Q) \ 基準の土量(q)	地山の土量	ほぐした土量	締固め後の土量
地山の土量	1	L	C
ほぐした土量	$1/L$	1	C/L
締固め後の土量	$1/C$	L/C	1

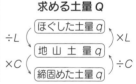

① 隣接する切土（砂質土）10,000 m³を締め固めると，式（1・3）より
　　締固め土量（盛土）＝地山土量×締固め率 C ＝ 10,000×0.85 ＝ 8,500 m³

② 不足する盛土量 ＝ 13,000 − 8,500 ＝ 4,500 m³
　　これを土取場（礫質土）から採取する場合の地山土量は，式（1・3）より
　　地山土量＝盛土量（締固め土量）／締固め率 ＝ 4,500／0.90 ＝ 5,000 m³

③ ダンプトラックでの運搬土量（ほぐした土量）は，
　　運搬土量＝締め固めた土量×ほぐし率 ＝ 5,000×1.40 ＝ 7,000 m³

④ ダンプトラックの運搬延べ台数は，7,000／8.0＝<u>875台</u>　となる。

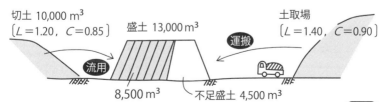

切土 10,000 m³ 〔$L=1.20$，$C=0.85$〕　盛土 13,000 m³　　運搬　　土取場〔$L=1.40$，$C=0.90$〕

流用　　8,500 m³　　不足盛土 4,500 m³

解答　(4)

重要問題❻ **盛土の施工**

盛土の基礎地盤の処理に関して，**適当でないもの**はどれか。

(1)　薄い軟弱層では，トラフィカビリティーを確保し，盛土材料を十分に締め固めるために，サンドドレーン工法を用いる。

(2)　表土が腐植土等の場合で，これが盛土の路床部分に入る場合には，盛土への悪影響を防止するために，必要な深さまで削り取り，盛土に適した材料で置き換えなければならない。

(3)　盛土後，草木，切株，竹根等の腐植による，緩みや有害な沈下を防止するために，盛土に先立ちそれらを除去する。

(4)　盛土の十分な締固めと盛土の均質化のために，基礎地盤に極端な凹凸や段差がある場合には，盛土に先がけて，できるだけ平坦にかき均しを行わなければならない。

解答と解説　**基礎地盤の処理**

○　**基礎地盤処理の目的**は，次のとおり。

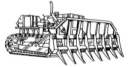

レーキドーザ

①　盛土と基礎地盤のなじみを良くする。

②　初期の盛土作業を円滑化する。

③　基礎地盤の安定を図り，支持力を増加させる。

④　草木など，有機物の腐植による沈下を防ぐ。

(1)　基礎地盤が水田や湿地などの場合は，地下水位が高く軟弱である。盛土施工に際してトラフィカビリティーの確保が困難で，十分な締固めができない。このため，**排水溝**を掘って含水比の低下や，**サンドマット**（0.5〜1.2 mの敷砂）により初期の盛土作業のトラフィカビリティーを確保する。**サンドドレーン工法**とは，砂の排水層による圧密沈下を促進する工法（P33）。

(2)　計画路床面下 1 m 以内にある切株，竹根，その他の有機物は将来，悪影響を及ぼすおそれがあるので除去する。

(3)　草木，切株，竹根等の有機物が盛土内に混入した場合，これらが将来，腐植し体積が減少して盛土に有害な沈下や緩みを生じる。盛土作業に先立ち在来地盤面をレーキドーザ等で**伐開除根**を行う。

(4)　盛土の基礎地盤に極端な凹凸や段差がある場合，段差部分及び周辺が十分に締固めができないだけでなく，均一な盛土ができなくなり，円滑な盛土作業に支障をきたす。段差などは，盛土作業に先立ちできるだけ平坦にかき均し，均一な盛土施工ができるように**表土処理**をする。　　　　　　**解答** (1)

関連問題 盛土の施工に関して，**適当でないもの**はどれか。

(1) 盛土の締固め時には，含水比の調整を丁寧に行う必要がある。

(2) 締固め中に降雨があったときは，雨水が締め固めている土に浸入しにくいように，表面に勾配をつけて締め固める。

(3) 切土と盛土の境界部においては，完成後に盛土部が沈下することが多いので，盛土部の地山の傾斜地盤には段切りを行ってはならない。

(4) 構造物の周辺は，締固め機械が近寄りにくいので，小型の突固め機等を使用して入念に締め固めることが必要である。

解説 盛土の施工の留意事項

○　盛土の締固め作業の留意事項は，次のとおり。情報化施工はP210参照。

① 盛土全体を均等に締め固める。盛土端部や隅部などは締固めが不十分になりがちであるから注意する。また，法面についても可能なかぎり機械による締固めを行い，十分に締め固める。

② 盛土施工中は4％以上の横断勾配をつけ排水に注意する。降雨が予想される場合は，ローラで盛土表面を平滑にして，雨水の滞水や浸透を防ぐ。

③ 長大法面では，切土，盛土のいずれの場合にも，法面途中に幅1〜2mの**小段**を設け，法面の排水対策を講じる。

④ **鋭敏比**（自然状態にある粘土の構造が乱されると，せん断力が低下する。乱れによる強度低下の度合い）の高い粘性土の締め固めには留意すること。

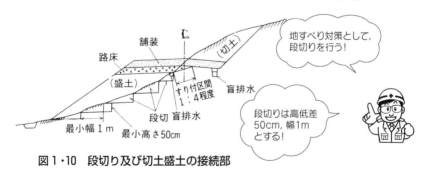

図1・10　段切り及び切土盛土の接続部

(3) 盛土が地山の地盤と接する箇所では，地山のすり付け切土を行い，必要に応じて切盛境界部の切土面に地下排水溝を設ける。盛土部の切山の傾斜地盤には**段切り**（階段状に地盤を削る）を行い，切土と盛土とのなじみを良くするとともに，地すべりを防止する。

解答 (3)

重要問題7 建設発生土，法面排水工

建設発生土の盛土の利用の留意点に関して，**適当でないもの**はどれか。

(1) 道路の路体盛土に用いる土は，敷均し・締固めの施工が容易で，かつ締め固めた後の強さが大きく，雨水などの侵食に対して強く，吸水による膨潤性が低いこと。

(2) 締固めに対するトラフィカビリティーが確保できない場合は，水切り・天日乾燥，強制脱水，良質土混合などの土質改良を行うこと。

(3) 道路の路床盛土に第3種及び第4種建設発生土を用いる場合は，締固めを行っても強度が不足するおそれがあるので一般的にセメントや石灰などによる安定処理が行われる。

(4) 道路の路床盛土に第1種及び第2a種建設発生土のような細粒分が多く含水比の高い土を用いる場合は，砂質系土などを混合することにより締固め特性を改善する。

解答と解説　建設発生土の利用

○　盛土等の構築にあたって，**建設発生土**（建設工事に伴い副次的に発生する土砂や泥土）を有効利用する。なお，建設発生土は，コーン指数200kN/m²以上（泥土200kN/m²未満）をいう。

(4) 建設発生土の利用用途は表に示すとおり。第1種及び第2a種はそのまま利用可能である。

解答　(4)

表1・3　土質区分と利用用途

区分 （国土交通省令）	細区分	コーン 指数 q_c (kN/m²)	土質材料 （大分類）	主な利用用途
第1種建設発生土 〔砂・礫及びこれらに 準ずるもの〕	第1種	—	礫質土 砂質土	工作物の埋戻し材料 土木構造物の裏込材 道路盛土材料 宅地造成用材料
	第1種改良土		人工材料	
第2種建設発生土 〔砂質土・礫質土及び これらに準ずるもの〕	第2a種	800 以上	礫質土	土木構造物の裏込材 道路盛土材料 河川築堤材料 宅地造成用材料
	第2b種		砂質土	
	第2種改良土		人工材料	
第3種建設発生土 〔通常の施工性が確保 される粘性土及びこれ に準ずるもの〕	第3a種	400 以上	砂質土	土木構造物の裏込材 道路路体用盛土材料 河川築堤材料 宅地造成用材料 水面埋立て用材料
	第3b種		粘性土 火山灰質粘性土	
	第3種改良土		人工材料	
第4種建設発生土 〔粘性土及びこれに準 ずるもの（第3種発生 土を除く）〕	第4a種	200 以上	砂質土	水面埋立て用材料
	第4b種		粘性土 火山灰質粘性土 有機質土	
	第4種改良土		人工材料	

> **関連問題** 切土法面の縦排水溝に関して，**適当でないもの**はどれか。
>
> (1) 縦排水溝は，法肩排水溝及び小段排水溝からの水を速やかに斜面外に排除するものである。
>
> (2) 縦排水溝の設置箇所は，地形的な凹地など水の集まりやすい箇所とし，その構造は，水があふれたり飛び散ることのないようにする。
>
> (3) 縦排水溝が他の水路と合流するところに設ける桝には，点検が容易になるように蓋を設けない。
>
> (4) 縦排水溝の断面は，原則として流量を検討し決定するが，法肩排水溝，小段排水溝の断面，土砂や枝葉の流入，堆積を考慮して十分余裕のあるものとする。

解説 **縦排水溝（表面排水）**

○ 法面の安定のために設ける**法面排水工**には，表面水を対象とするものと，浸透水，地下水を対象とするものがある。**表面排水**は，法面の破壊を防止するため切土・盛土法面に排水施設を設ける。法肩に設ける**法肩排水溝**，長大法面の小段に設ける**小段排水溝**，これらの水を法尻に導く**縦排水溝**がある。

(3) 縦排水溝が，他の排水溝と合流する箇所や方向が急変する箇所には桝を設置し，水が流出するのを防ぐため桝には蓋を設ける。

解答 (3)

> **関連問題** 法面保護工の施工に関して，**適当でないもの**はどれか。
>
> (1) 種子散布工は，各材料を計量した後，水，木質材料，浸食防止剤，肥料，種子の順序でタンクへ投入し，十分攪拌して法面へムラなく散布する。
>
> (2) 植生マット工は，法面が平滑だとマットが付着しにくくなるので，あらかじめ法面に凹凸を付けて設置する。
>
> (3) モルタル吹付工は，吹付けに先立ち，法面の浮石，ほこり，泥等を清掃した後，一般に菱形金網を法面に張り付けてアンカーピンで固定する。
>
> (4) コンクリートブロック枠工は，枠の交点部分に所定の長さのアンカーバー等を設置し，一般に枠内は良質土で埋め戻し，植生で保護する。

解説 **法面保護工**

(2) **植生マット工**は，法面の凹凸が大きいと浮上ったり風に飛ばされやすいので，あらかじめ凹凸を均して施工する。

解答 (2)

重要問題8 土工作業に用いる建設機械

土工作業に用いる建設機械に関して，**適当でないもの**はどれか。

(1)　ブルドーザは，運搬距離60 m 以下の掘削押土に適している。

(2)　自走式スクレーパやダンプトラックが一般に適応できる運搬路の勾配は，25 %以下である。

(3)　ダンプトラックの運搬走行が可能な地盤のコーン指数は，1,200 kN/m²以上である。

(4)　建設機械の選定には，トラフィカビリティー，リッパビリティー，岩塊の大きさ，工法等を考慮する。

解答と解説　土工作業の建設機械の適応性

○　**建設機械**は，現場の土質の状態によって作業効率・走行性（**トラフィカビリティー**）が大きく変わる。建設機械の走行に必要な**コーン指数**は表1・4に，また運搬距離からみた適応建設機械は表1・5に示すとおり。

(2)　建設機械の走行の**勾配の限度**は，被けん引式スクレーパやスクレープドーザで15～25 %，自走式スクレーパやダンプトラックで10 %以下である。

表1・4　建設機械の走行に必要なコーン指数

建設機械の種類	コーン指数 q_c [kN/m²]	建設機械の接地圧 [kPa=kN/m²]
超湿地ブルドーザ	200以上	15～23
湿地ブルドーザ	300 〃	22～43
普通ブルドーザ（15t 級程度）	500 〃	50～60
普通ブルドーザ（21t 級程度）	700 〃	60～100
スクレープドーザ	600 〃 〔超湿地形は400以上〕	41～56 〔27〕
被けん引式スクレーパ（小形）	700 〃	130～140
自走式スクレーパ（小形）	1,000 〃	400～450
ダンプトラック	1,200 〃	350～550

表1・5　運搬距離からみた適応建設機械

距離 [m]	建設機械の種類
60 m 以下	ブルドーザ
40 m～250 m	スクレープドーザ
60 m～400 m	被けん引式スクレーパ
200 m～1,200 m	自走式スクレーパ
100 m 以上	ショベル系掘削機 トラクタショベル ｝＋ダンプトラック

ブルドーザ　　　スクレープドーザ

自走式スクレーパ　　ショベル系掘削機

解答 (2)

関連問題 土工作業に用いる建設機械に関して，**適当でないもの**はどれか。

(1) 軟岩や硬い土などの掘削は，リッパ装置付ブルドーザによって行われるが，掘削可能な地山の弾性波速度は 2,000 m/sec 程度までである。

(2) ブルドーザは，60 m 程度の掘削押土に能率を上げることができ，ダウンヒルカットによる大量掘削から伐開除根などの小規模な掘削押土まで幅広く使用される。

(3) ショベル系掘削機による掘削積込み作業とダンプトラックによる組合せは，運搬距離が 100 m 以上の中長距離の運搬などに多く使用される。

(4) 機械のトラフィカビリティーは，ポータブルコーンペネトロメータで測定したコーン指数で示され，ダンプトラックの走行に必要なコーン指数は，700 kN/m²以上である。

解説 **土工作業に用いられる建設機械**

(1) リッパビリティー（リッパ作業の可否を表す。弾性波速度が速いほど，岩石は緻密）は，弾性波速度 2,000 m/sec 程度が限界である。

(2) ブルドーザは，切土盛土作業，掘削，軟岩の破砕，整地など，また**ダウンヒルカット工法**（傾斜面掘削）による大量掘削や代開除根に使用される。

(3) 60 m 以下の掘削押土にはブルドーザが，100 m 以上の中長距離の運搬には，ショベル系掘削機とダンプトラックの組合せが使用される。

(4) ダンプトラックのコーン指数は，1,200 kN/m²以上である。

解答 (4)

関連問題 土工工事における機械選定上の重要な条件であるトラフィカビリティーについて，コーン指数が高いものから順に並べた組合せで，**正しいもの**はどれか。

(1) 湿地ブルドーザ　＞スクレープドーザ＞ダンプトラック　＞自走式スクレーパ

(2) ダンプトラック　＞自走式スクレーパ＞スクレープドーザ＞湿地ブルドーザ

(3) 自走式スクレーパ＞ダンプトラック　＞湿地ブルドーザ　＞スクレープドーザ

(4) ダンプトラック　＞スクレープドーザ＞自走式スクレーパ＞湿地ブルドーザ

解説 **建設機械のコーン指数**

(2) コーン指数（表 1・4），コーン貫入試験（P17 図 1・1）参照。**解答** (2)

重要問題❾ 軟弱地盤対策工

軟弱地盤対策工法に関して，**適当でないもの**はどれか。

(1) サンドマット工法は，敷砂を地盤上に施工して，軟弱層の圧密のための上部排水層の役割を果たす。

(2) ペーパードレーン工法は，粘性土の地盤にネット状の袋に詰めた砂の排水層を鉛直方向に設置し，圧密排水を促進させる。

(3) 地下水低下工法は，地盤中の地下水位を低下させることにより軟弱層の圧密促進を図るもので，ウェルポイント，ディープウェルなどがある。

(4) 置換工法は，軟弱土を良質土に置き換えることにより盛土に対する安定確保と沈下量の減少を図る。

解答と解説　軟弱地盤対策工法

(1) **サンドマット工法**は，軟弱層の圧密のための上層排水層，重機のトラフィカビリティーの確保などの目的で行われる表層処理(敷砂)工法である。

(2) **ペーパードレーン工法**は，軟弱地盤中にペーパードレーン（紙製のボード）の排水層を設置し，圧密排水を促進させるもので，砂の排水層である**サンドドレーン工法**に比べ施工速度が速く工費も安い。

(3) **地下水低下工法**は，地下水位を低下させることにより圧密促進を図る。

(4) **置換工法**は，軟弱な土を良質な材料に置き換えることにより基礎地盤として適したものに改良する工法である。

解答 (2)

関連問題　軟弱地盤の対策工法に関して，**適当でないもの**はどれか。

(1) 押え盛土工法は，施工中に生じる盛土のすべり破壊に対して所要の安全率が得られない場合，盛土本体の側方部を押さえて盛土の安定を図る。

(2) 載荷重工法は，盛土本体の重量を軽減し，原地盤へ与える盛土の影響を少なくする。

(3) 緩速載荷工法は，盛土の施工にあたって地盤が破壊しない範囲で，時間をかけてゆっくり盛土する。

(4) 盛土補強工法は，盛土中に鋼製ネット，ジオテキスタイル等を設置し，地盤の側方流動を拘束し，盛土のすべり破壊を抑制する。

解説　軟弱地盤対策工法

(2) **載荷重工法**は，将来建設される構造物の荷重と同等以上の盛土を載荷して圧密沈下の促進，地盤強度の増加の後，載荷重を除去して構造物を構築する工法である。記述は，盛土材に発泡材を用いる**軽量盛土工法**のことである。

解答 (2)

表 1・6　軟弱地盤対策工法　　　　　（太字：主効果）

工 法		工法の説明	工法の効果
表層処理工法	①敷設材工法	①基礎地盤の表面にジオテキスタイル（化学製品の布や網），鉄鋼，そだなどを敷き拡げた工法。	**せん断変形の抑制** 強度低下の抑制 強度増加促進 すべり抵抗の付与
	②表層混合処理工法	②基礎地盤の表面を石灰やセメントで処理した場合（固結工法）。	
	③表層排水工法	③排水溝を設けて改良した場合（圧密排水工法）。	
	④サンドマット工法	④盛土工の機械施工を容易にする。サンドマットはバーチカルドレーン工法などと併用される。	
緩速載荷工法	漸増載荷工法	盛土の施工に時間をかけてゆっくり立上げる。圧密による強度増加が期待でき，安全に盛土できる。盛土の立上がりを漸増していく（圧密工法）。	**強度低下の抑制** せん断変形の抑制
押え盛土工法	押え盛土工法	盛土の側方に押え盛土をする。	**すべり抵抗の増加** せん断変形の抑制
置換工法	①掘削置換工法	軟弱層の一部又は全部を除去し，良質材で置換する。置換えによってせん断抵抗が付与され，安全率が増加する。 ①掘削して置換える場合。	**すべり抵抗の増加** 全沈下量減少 せん断変形の抑制 液状化の防止
	②強制置換工法	②盛土の重さで押出して置換える場合。	
盛土補強工法	盛土補強工法	盛土中に鋼製ネット，帯鋼又はジオテキスタイル等を設置し，地盤の側方流動及びすべり破壊を抑止する。	**すべり抵抗の増加** せん断変形の抑制
載荷重工法	①盛土荷重載荷工法	地盤にあらかじめ荷重をかけて沈下を促進した後，あらためて計画された構造物を造り，構造物の沈下を軽減させる（プレロード工法）。 　載荷重としては，①盛土が一般的工法，②ウェルポイントで地下水位を低下させることによって増加した有効応力を利用する工法。	**圧密沈下促進** 強度増加促進
	②地下水低下工法		
バーチカルドレーン工法	①サンドドレーン工法	地盤中に適当な間隔で鉛直方向に砂柱やカードボードなどを設置し，水平方向の圧密排水距離を短縮し，圧密沈下を促進し併せて強度増加を図る。 ①は砂柱の場合。②はカードボードの場合。	**圧密沈下促進** せん断変形の抑制 強度増加促進
	②ペーパードレーン工法		
サンドコンパクション工法	サンドコンパクションパイル工法	地盤に締め固めた砂杭をつくり，軟弱層を締め固めるとともに砂杭の支持力によって安定を増し，沈下量を減ずる。 　施工法として打込みによるもの，振動によるもの，砂の代わりに砕石を使用するものがある。	**全沈下量減少** **すべり抵抗の増加** **液状化の防止** 圧密沈下促進 せん断変形の抑制
振動締固め工法	バイブロフローテーション工法	①緩い砂地盤中に棒状の振動機を入れ，振動部附近に水を与えながら，振動と注水の効果で地盤を締め固め，締まった砂質土層に改良する。	**液状化の防止** 全沈下量減少 すべり抵抗の増加
固結工法	①石灰パイル工法	①生石灰で地盤中に柱をつくり，その吸水による脱水や化学的結合によって地盤を固結させ，地盤の強度・安定を増し沈下を減少させる。	**全沈下量減少** **すべり抵抗の増加**
	②深層混合処理工法	②セメント又は石灰などを土と混合し，ブロック状又は全面的に地盤を改良して強度を増し沈下を阻止する。	

重要問題10 コンクリートの配合

各種セメントの一般的特性と用途に関して，**適当でないもの**はどれか。

(1) フライアッシュセメントは，水和熱が高く，化学抵抗性も劣るので使用実績は少ない。

(2) 中庸熱ポルトランドセメントは，水和熱を低くしたセメントで長期強度が大きく，マスコンクリートに用いられる。

(3) 高炉セメントは，アルカリ骨材反応抑制対策として，広く用いられる。

(4) 早強ポルトランドセメントは，初期の強度発現が速いので，寒中工事や緊急工事などに用いられる。

解答と解説　主なセメントの種類と特徴

○　セメント（結合材）には，**ポルトランドセメント**（普通，早強，中庸熱等6種類）と**混合セメント**（高炉，シリカ，フライアッシュ）がある。

(1) **フライアッシュセメント**（フライアッシュ混合）は，ワーカビリティーが良好で，長期強度の増進，化学的抵抗性が大きく，水和熱が低く，乾燥収縮が少ない。ダムなどのマッシブな構造物に使用実績は多い。

(2) **中庸熱ポルトランドセメント**は，水和熱の低いセメントで，長期材齢の強度が大きくマスコンクリートに用いられる。

(3) **高炉セメント**（高炉スラグ微粉末混合）は，長期強度の増進，化学的抵抗性が大きく，水和熱が小さくアルカリ骨材反応抑制対策に効果がある。

(4) **早強ポルトランドセメント**は，初期強度が大きく冬期の寒冷地の工事や緊急工事に用いられる。

解答　(1)

関連問題　コンクリートの配合に関して，**適当なもの**はどれか。

(1) 同一な配合条件における単位水量は，粗骨材の最大寸法が20 mmの場合と40 mmの場合を比べると，40 mmの場合の方が少なくなる。

(2) 水セメント比が同じ場合，AEコンクリートは凍結融解作用に対する抵抗性並びに圧縮強度とも大きくなる。

(3) AE減水剤を適切に用いると，寒中コンクリートでは水セメント比を大きくすることができ，凍害に対して抵抗性を高めることができる。

(4) 水セメント比は，強度と耐久性及び水密性から必要とされる水とセメントの質量比のうち，最も大きい値とする。

解説 コンクリートの配合

(1) **粗骨材の最大寸法**が大きくなるほど細骨材率が小さく，**単位水量**（コンクリート1m³あたりの水量）を少なくすることができ経済的なコンクリートとなるが，練混ぜ・取扱いが困難となり材料分離が生じやすい。**細骨材率**（s/a，全骨材aと細骨材sとの容積比）は，所要のワーカビリティー（作業性）が得られる範囲で単位水量が最小となるように試験によって定める。

(2) **AEコンクリート**は，ワーカビリティー及び凍結融解に対する耐久性の改善のため用いるが，空気量1%増加に対し圧縮強度が4～6%低下する。

(3) **AE減水剤**は，水セメント比を小さくするために用いる（P64，混和材料）。

(4) **水セメント比**（w/c，フレッシュコンクリート中の水wとセメントcの質量比）は，65%以下とし，強度と耐久性及び水密性から必要とされる水とセメントの質量比のうち，最小の値とする。

解答 (1)

関連問題 フレッシュコンクリートに関して，**適当なもの**はどれか。

(1) ワーカビリティーは，変形，流動に対する抵抗を表す性質である。

(2) ブリーディングは，練混ぜ水の表面水が内部に浸透する現象である。

(3) スランプは，軟らかさの程度を示す指標である。

(4) コンシステンシーは，打込み・締固め・仕上げなどの作業の容易さを表す性質である。

解説 フレッシュコンクリートの性質

○ **フレッシュコンクリート**とは，練混ぜから凝結までの「まだ固まらないコンクリート」をいう。その性質を表す用語は次のとおり。

コンシステンシー	水量の多少による変形あるいは流動に対する抵抗性の程度で表される性質。スランプ試験によって求める。
ワーカビリティー	コンシテンシー及び材料分離に対する抵抗性の程度によって定まる性質。運搬，打込み，締固め，仕上げなどの作業の容易さ（作業性）を表す。
フィニッシャビリティー	粗骨材の最大寸法，細骨材率，細骨材の粒度，コンシステンシー等による仕上げの容易さを示す性質。

(3) コンクリートのコンシステンシーは，ワーカビリティーの重要な一要素で，**スランプ試験**で測る。なお，(2)浸透→浮び出る。

解答 (3)

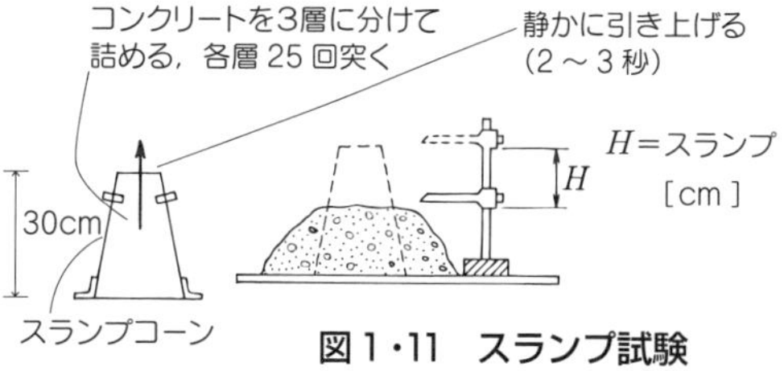

コンクリートを3層に分けて詰める，各層25回突く　　静かに引き上げる（2～3秒）

$H=$スランプ [cm]

30cm　スランプコーン

図1・11 スランプ試験

重要問題11 コンクリート構造物の耐久性

コンクリートの耐久性に関して，**適当なもの**はどれか。

(1) コンクリートの耐久性は，水密性が向上するほど低下する傾向がある。

(2) コンクリートの凍害は，硬化の初期段階における練混ぜ水の凍結によるもので，硬化したコンクリートでは起こらない。

(3) コンクリートの中性化は，コンクリート中の水酸化カルシウムが，空気中の二酸化炭素と化合し，炭酸カルシウムに変化する現象である。

(4) コンクリートは，酸類には侵食されるが，塩類には侵食されない。

解答と解説 コンクリート構造物の耐久性

(1) コンクリートの**耐久性**とは，時間の経過に伴う構造物の性能低下に対する抵抗性をいう。**水密性**（緻密さ）の良いコンクリートほど，耐久性は<u>高まり</u>，コンクリート中の鋼材の保護を確保する上で望ましい。

(2) 硬化したコンクリートに含まれている水分が凍結すると，水の凍結膨張により<u>コンクリートが破壊される</u>。また，凝結硬化の初期の凍結は，強度・耐久性・水密性に著しい悪影響を与える（凍害）。

(3) **中性化**とは，空気中の二酸化炭素 CO_2 の作用を受けて，コンクリート中の水酸化カルシウム（$Ca(OH)_2$，pH12〜13，アルカリ性）が炭酸カルシウム $CaCO_3$ に変化し，アルカリ性が低下（pH 9 程度）する現象である。中性化が進むと鋼材腐食が生じる。

(4) **化学的侵食**とは，侵食性物質（<u>酸類・塩類</u>）とコンクリートとの化学反応により生じる劣化現象である。以上，P73及びP116参照。

解答 (3)

関連問題 コンクリートの耐久性に関して，**適当でないもの**はどれか。

(1) 打込み直後に凍害を受けたコンクリートは，その後養生を行っても，初期凍害を受けなかったものと比べ耐久性に劣ったものとなる。

(2) 練混ぜ時の塩化物イオン量は，特に耐久性が要求される構造物では，$0.3\,kg/m^3$ 以下とする。

(3) アルカリ骨材反応を抑制するには，できるだけ単位セメント量を大きくすることが効果的である。

(4) 火災により500℃以上に加熱されたコンクリートにおいては，強度が低下し，また，弾性係数の低下は強度の低下以上に著しい。

解説 アルカリ骨材反応の抑制策

(3)　**アルカリ骨材反応**の要因は，高濃度のアルカリ，反応性の骨材及び充分な水の存在である。**抑制対策**として，①コンクリート中のアルカリ総量を酸化ナトリウム（Na_2O）換算で$3.0\,kg/m^3$以下とすること，②抑制効果のある混合セメントを用いること，③安全な骨材の使用（区別 A）である。単位セメント量を<u>小さく</u>（$500\,kg/m^3$以下）するとアルカリ総量を小さくできる。

解答 (3)

関連問題 コンクリートの中性化に関して，**適当でないもの**はどれか。

(1)　配合条件が同じコンクリートを比較すると，一般に，屋外のコンクリートのほうが，屋内のコンクリートよりも，中性化速度は小さい。

(2)　同一の単位セメント量のコンクリートでは，単位水量の多いコンクリートのほうが中性化速度は大きい。

(3)　コンクリートにフェノールフタレイン1％溶液を噴霧し，紅色に発色しない箇所が，中性化した部分であると判断できる。

(4)　同一の水セメント比のコンクリートでは，混合セメントを用いたほうが，普通ポルトランドセメントを用いるよりも，中性化速度は小さい。

解説 コンクリートの中性化

(1)　コンクリートの**中性化**は，環境条件（炭酸ガス濃度，温度，湿度）に大きく影響し，空気中の二酸化炭素により，コンクリート中の水酸化カルシウムが炭酸カルシウムになり，コンクリート中のアルカリ性が低下する現象をいう。屋外のコンクリートの方が，屋内に比べ炭酸ガス濃度が低く，湿度が高いため，中性化速度は小さい。

(2)　**水セメント**（w/c）が小さいほどコンクリート中の空隙量が減少し，中性化の速度は小さくなる。単位水量が少ないほど中性化速度は，小さくなる。

(3)　**中性化**とは，本来アルカリ性であるコンクリートが外部環境の影響を受けてアルカリ性を失っていく現象をいう。**フェノールフタレイン液**を散布して赤色になれば，コンクリートはアルカリ環境下にある。フェノールフタレインは，$pH\,8.2\sim10$以下のとき着色せず中性化と判定される。

(4)　**混合セメント**（フライアッシュ，高炉セメント等）は，普通セメントより水酸化カルシウム生成量（アルカリ性）が減少する。混合セメントを用いた方が，普通ポルトランドセメントよりも，中性化速度は<u>大きい</u>。

解答 (4)

重要問題12 **コンクリート用骨材，鉄筋**

　コンクリート用骨材に関して，**適当なもの**はどれか。

(1)　砕砂に含まれる石粉は，一般にコンクリートの単位水量を減少させる効果はあるが，材料分離を増加させる要因となる。

(2)　粒の大きさがそろっている細骨材を用いると，大小粒が適度に混合している細骨材に比べ，より少ない単位水量及び単位セメント量でコンクリートを造ることができる。

(3)　川砂利を用いてワーカビリティーの良好なコンクリートを得るためには，砕石を用いた場合に比べ単位水量や細骨材率の値を増加させる。

(4)　海砂に含まれる塩化物を構成する成分のうち，塩化物イオンは塩害を，ナトリウムイオンはアルカリ骨材反応を促進させる作用がある。

解答と解説 **コンクリート用骨材**

(1)　砕砂に含まれる石粉は，所要のワーカビリティーを得るために必要な単位水量が大きくなるが，材料分離を減少させる効果がある。材料分離を抑えるため，砕砂中に石粉が3〜5％混入している方が望ましい。

(2)　粒の大きさがそろっている**細骨材**（10mmふるいを全部とおり，5mmふるいを質量で85％以上とおる骨材）を用いると，単位水量及び単位セメント量が多くなる。細・粗粒が適当に混合している細骨材が望ましい。

(3)　砕石を用いた場合，ワーカビリティーの良好なコンクリートを得るために，川砂利を用いた場合に比べ単位水量 w や細骨材率 s/a を増加させる。

(4)　**塩化物イオン**（Cl$^-$）は，コンクリート中の鋼材の腐食膨張，ひび割れ，はく離など**塩害**の原因となり，塩化物イオン量を0.3kg/m³以下とする。また，塩化ナトリウム（NaCl）は**アルカリ骨材反応**を促進させる原因となる。

解答 (4)

　関連問題 鉄筋の加工及び組立てに関して，**適当でないもの**はどれか。

(1)　重ね継手の重合せの部分は，鉄線によりしっかりと緊結するが，焼なまし鉄線で巻く長さは短くするのがよい。

(2)　鉄筋は，常温で加工することが原則である。

(3)　型枠に接するスペーサーは，モルタル製，コンクリート製を使用する。

(4)　やむを得ず溶接した鉄筋を曲げ加工する場合には，溶接した部分より鉄筋直径分だけ離れたところで行うことが原則である。

1・2

コンクリート工

解説 **鉄筋の加工・組立て**

(1)　鉄筋の**重ね継手**は，所定の長さ（鉄筋径の 20 倍以上，両端にフックをつける）を重ね合せて，直径 0.8 mm 以上の**焼なまし鉄線**（鉄線の結束線）で数箇所緊結する。鉄線を巻く長さはできるだけ短くする。

(2)　鉄筋は，常温で加工するのが原則である。

(3)　**かぶり**の施工の良否は，構造物の強度，耐久性に大きく影響するので，スペーサーを用いてかぶりを正しく確保する。型枠に接するスペーサーは，モルタル製あるいはコンクリート製とする。

(4)　溶接した鉄筋を曲げ加工する場合には，溶接部分を避けて加工する。少なくとも鉄筋直径の 10 倍以上離れたところで行う。

解答 (4)

関連問題 鉄筋の加工及び組立てに関して，**適当なもの**はどれか。

(1)　鉄筋位置確保のための組立用鋼材は，応力を考慮しないのでかぶりを確保しなくてもよい。

(2)　エポキシ樹脂塗装鉄筋は，腐食が生じにくく，加工及び組立てで損傷が生じても補修を行わなくてもよい。

(3)　異形鉄筋を用いたスターラップの曲げ半径は，1.0φ 以上とする。

(4)　繰返し荷重を多く受ける部材では，点溶接による組立てを避ける。

解説 **鉄筋の加工・組立て**

○　鉄筋の種類には，引張力を受けもつ**主鉄筋**，外力を主鉄筋に伝達する**配力鉄筋**，せん断力に抵抗する**折曲げ鉄筋**，**スターラップ**，鉄筋の位置を確保する**組立て鉄筋**がある。

(1)　**組立用鉄筋**についても，耐久性の観点から<u>かぶりを確保する</u>。かぶりが少ない場合，鉄筋沿いにひび割れが生じやすい。

(2)　**エポキシ樹脂塗装鉄筋**は，コンクリート中の鉄筋の腐食による劣化を防止する。塗膜に損傷がある場合は，<u>補修する</u>。

(3)　異形鉄筋を用いた**スターラップ**の曲げ半径（設計図に示されていない場合）は，一般に <u>2.0φ〜3.0φ</u>（φ：鉄筋直径）である。

(4)　鉄筋の組立ては，一般に 0.8 mm 以上の**焼なまし鉄線**で結束するが，**点溶接**をする場合には，局部的な加熱によって鉄筋の材質を害するおそれがある。特に繰返し荷重を受ける部材では，**疲労強度**（降伏点応力以外で破壊）を著しく低下させるので避ける。

解答 (4)

重要問題13 コンクリートの打込み・締固め

コンクリートの打込みに関して，**適当なもの**はどれか。

(1) 締固めに内部振動機を用いる場合，コンクリートの1層の打込み厚は，一般に 40 ～ 50 cm 以下とする。

(2) コンクリートを練り混ぜてから打ち終わるまでの時間は，原則として，外気温が 25 ℃ を超えるときは 1.5 時間以内とし，25 ℃ 以下のときは 3 時間以内を標準とする。

(3) コンクリートの打込み中，表面にブリーディング水がある場合は，この水が自然にコンクリートに吸収されるのを待って，次のコンクリートを打ち込まなければならない。

(4) コンクリートの打込みには，原則として，斜めシュートを使用する。

解答と解説　コンクリートの打込み

(1) コンクリートの一層の打込み厚は，40 ～ 50 cm 以下とする。

(2) **繰り混ぜてから打ち終わるまでの時間**は，外気温25℃以下のとき 2 時間以内，25℃を超えるとき1.5時間以内を標準とする。

(3) 打込み中の練混ぜ水の遊離水（**ブリーディング**）は，コンクリートの硬化に不要なものであるからスポンジやひしゃくなど適当な方法で取り除く。

(4) コンクリートの打込みは，原則として縦シュートを使用する。

解答　(1)

関連問題　コンクリートの打込みに関して，**適当なもの**はどれか。

(1) 2層以上にコンクリートを打ち込むので，上層のコンクリートの打込みは，下層のコンクリートが固まり始める前に行った。

(2) 打込み中に著しい材料分離が認められたので，練り直してから打ち込んだ。

(3) 柱のコンクリートの打込みにあたり，ブリーディングの影響を考慮して，打上り速度を速くして連続して打ち込んだ。

(4) 多量のコンクリートを広範囲に打ち込むため，打込み箇所を少なくして，コンクリートの材料分離を防止した。

解説　コンクリートの打込み

(1) コンクリートを2層以上に分けて打ち込む場合，上層のコンクリートの打

込みは下層のコンクリートが固まり始める前に行い，一体化となるようにする。
　　コールドジョイント（打継目）をつくらないため，**許容打重ね時間間隔**は，外気温25℃以下のとき2.5時間，25℃超えるときで2時間とする。

(2)　打込み中に材料分離が認められた場合には，練り直しても均等質なコンクリートとすることは難しい。型枠に打ち込むことを止め，材料分離の原因を調べて防止する。

(3)　壁又は柱のように高さの大きいコンクリートを打ち込む場合には，打上り速度を速くすると型枠に大きな圧力を及ぼし，ブリーディングが生じ，水平鉄筋の付着強度が低下する。一般に30分につき1～1.5 m 程度を標準とする。

(4)　多量のコンクリートを広範囲に打ち込む場合は，材料分離を防止するため打込み箇所を多くし，目的の位置に近いところにおろして打ち込む。

解答 (1)

関連問題 コンクリートの締固めに関して，**適当でないもの**はどれか。

(1)　締固めにおいては，内部振動機をコンクリート中に鉛直に差し込み，引き抜くときはゆっくりと引き抜くようにする。

(2)　締固めにおいては，打ち込まれたコンクリートからエントレインドエアを追い出すようにする。

(3)　いったん締固めが完了した後，再振動を行う場合は，再振動によってコンクリートの締固めが可能な範囲でできるだけ遅い時期がよい。

(4)　締固めにあたっては，上下層が一体となるように内部振動機を下層のコンクリート中に10 cm 程度挿入しなければならない。

解説 **コンクリートの締固め**

(1)　コンクリートの締固めは，**内部振動機**（棒状バイブレータ）を用いることを原則とする。内部振動機の引き抜きは，後に穴が残らないよう徐々に行う。

(2)　締固めの目的には，練混ぜ時に巻き込まれた空気，**エントラップドエア**（コンクリート中に自然に含まれる空気の泡）の排除があるが，**エントレインドエア**は混和剤を用いて連行させた微細な空気泡で，追い出す必要はない。

(3)　**再振動**を行う適切な時期は，再振動によってコンクリートが締固めできる範囲でなるべく遅い時期がよい。再振動によって，コンクリート中の空隙や余剰水が少なくなりコンクリート強度・鉄筋との付着強度の増加，沈下・ひび割れの防止効果がある。

(4)　下層のコンクリート中に10 cm 程度挿入する。

解答 (2)

重要問題14 コンクリートの打継目

コンクリートの打継目の施工に関して，**適当なもの**はどれか。

(1) 鉛直打継目の施工においては，新しいコンクリートの打込み後，再振動締固めを行う。

(2) 水平打継目の施工においては，旧コンクリート表面のレイタンスなどを完全に除き，表面を乾燥させた状態で新しいコンクリートを打ち込む。

(3) 打継目は，できるだけせん断力の大きい位置に設け，打継面を部材の圧縮力の作用する方向と平行にする。

(4) 水平打継目の施工においては，敷モルタルの水セメント比は，新旧コンクリート打継面の付着をよくするために，使用コンクリートの水セメント比よりも大きくするのがよい。

解答と解説　コンクリートの打継目

(1) コンクリートの打継面をチッピング（はつり）等で粗にし，十分吸水させた後に新しいコンクリートを打ち継ぎ，十分に密着するように締め固める。適当な時期に再振動締固めを行う（**鉛直打継目の施工**）。

(2) コンクリートを打ち継ぐ場合には，既に打ち込まれたコンクリート表面のレイタンス，品質の悪いコンクリート，緩んだ骨材粒などを完全に除き，十分に吸水させる（**水平打継目の施工**）。

(3) **打継目**は，できるだけせん断力の小さい位置に設け，打継面を部材の圧縮力の作用方向と直角にするのを原則とする。

(4) **水平打継目**において，新たにコンクリートを打ち継ぐ直前に，付着をよくするためモルタルを敷く。敷モルタルの水セメント比は，使用コンクリートの水セメント比以下とする。

解答 (1)

関連問題 打継目，コールドジョイントに関して，**適当なもの**はどれか。

(1) コールドジョイントは，打設時のコンクリート温度が高い場合，凝結時間が長くなるので発生しにくい。

(2) コールドジョイントの発生を防ぐための打重ね時間間隔は，一般に，外気温が25℃を超える場合には2.5時間以内とする。

(3) コンクリートを打ち重ねる場合は，上層と下層が一体となるよう，棒状バイブレータを下層コンクリート中に10cm程度挿入して締固める。

(4)　海洋及び港湾コンクリート構造物において，やむを得ず打継目を設ける場合には，干潮位と満潮位との間に設ける。

解説 コンクリートの打継目・コールドショイント

(1)　**コールドショイント**とは，先に打ち込んだコンクリートと後から打ち込んだコンクリートが完全に一体化していない継目をいう。気温が高い場合には表面が乾燥しやすく，凝結硬化が速くなり締固め不十分となりやすく，コールドショイントが発生しやすい。

(2)　**打重ね時間間隔**は，外気温が25℃以下で2.5時間以内，25℃を超えるときで2.0時間以内を標準とする。

(3)　許容打重ね時間間隔を守るとともに，下層コンクリートの上部に振動を与えて，上層と下層のコンクリートを一体にする。

(4)　海洋・港湾のコンクリート構造物には打継目を設けない。やむを得ず打継目を設ける場合は，干潮位と満潮位の間は避ける。

解答 (3)

関連問題 コンクリートの打継目に関して，**適当なもの**はどれか。

(1)　はり・床スラブの鉛直打継目の位置を，はりの付け根付近とした。

(2)　逆打ちコンクリートにおける旧コンクリートとの打継目で，新旧コンクリートの境界に隙間を設け，その部分に膨張モルタルを充てんした。

(3)　生コンの搬入が間に合わなかったので，水平打継目をできるだけ水平な直線になるようにしたうえで，打継位置を下げた。

(4)　打継目のレイタンスや品質の悪いコンクリート，緩んだ骨材粒等を取り除き，表面を乾燥させた後にコンクリートを打ち込んだ。

解説 コンクリートの打継目

(1)　**鉛直打継目**は，せん断力の小さいはり又は床スラブの中央付近に設ける。

(2)　下から上へ構築する**順打ちコンクリート**に対して，上から下へ打設する**逆打ちコンクリート**の打継目は，一体性を確保するため，新コンクリートに膨張材を混入したモルタル等で充てんをする。

(3)　施工上の理由で打継目の位置を変更してはならない。

(4)　表面を十分に吸水させ，乾燥させてはならない。レイタンスとは，コンクリート表面に浮かび出た水（ブリーディング）に伴いコンクリート表面に浮かび出た物質をいう。

解答 (2)

重要問題15 **コンクリートの養生**

コンクリートの養生に関して，**適当でないもの**はどれか。

(1) コンクリートの強度は，湿潤養生すれば長期にわたって増進するが，大気中に放置すると十分に増進しない。

(2) 普通ポルトランドセメントを使用した暑中コンクリートの養生は，打込み後直ちに養生を開始し，湿潤状態を少なくとも5日間以上保つ。

(3) 硬化前に凍結したコンクリートは，その後適切な養生をすれば必要な強度や水密性，耐久性を確保できる。

(4) セメントの水和反応の進行は，養生温度によって異なり，一般に温度が高いほど早く，低いほど遅い。

解答と解説 コンクリートの養生

(1) コンクリートの圧縮強度は，湿潤養生を継続する限り増加するが，湿潤養生を中止し乾燥させると水和反応が進まず，強度は増進しない。

(2) **表1・7 湿潤養生期間の標準**

日平均気温	普通ポルトランドセメント	混合セメントB種	早強ポルトランドセメント
15℃以上	5日	7日	3日
10℃以上	7日	9日	4日
5℃以上	9日	12日	5日

(3) 凝結硬化初期に**凍結**すると，強度・水密性・耐久性に著しい悪影響を与える。その後適切な養生を行っても回復することはない（P116，**凍害**）。

(4) 養生温度が高いほど**水和反応**（凝結・硬化反応）の進行が早く，強度発現が大きいが，長期強度は初期養生温度が低い方が大きくなる。

解答 (3)

関連問題 コンクリートの養生に関して，**適当でないもの**はどれか。

(1) 日平均気温が15℃以上で高炉セメントB種を用いたコンクリートの湿潤養生期間は，7日とするのが標準である。

(2) 膜養生は，コンクリート表面の水光りが消えた後，十分に時間が経過してから行う。

(3) 型枠及び支保工の取外しは，定められた標準的な湿潤養生期間を保つ。

(4) 海水，アルカリや酸性の水などの侵食作用を受ける場合には，普通の場合よりも養生期間を延ばす。

解説 コンクリートの養生

(2)　**膜養生**（初期養生剤でコンクリートの水分の蒸発を防ぐ養生方法）は，コンクリート表面の水光が消えた<u>直後</u>に行う。

(3)　必要な圧縮強度が得られた場合でも，定められた湿潤養生期間を保つ。

(4)　海水，アルカリや酸性の土又は水等の侵食作用を受ける場合には，普通の場合よりも養生期間を長くとる。

解答 (2)

関連問題 寒中コンクリート及び暑中コンクリートの施工に関して，**適当でないもの**はどれか。

(1)　寒中コンクリートでは，コンクリート温度が低いと型枠に作用するコンクリートの側圧が大きくなる可能性があるため，打込み速度や打込み高さに注意する。

(2)　寒中コンクリートでは，保温養生あるいは給熱養生終了後に急に寒気にさらすと，コンクリート表面にひび割れが生じるおそれがあるので，適当な方法で保護して表面の急冷を防止する。

(3)　暑中コンクリートでは，運搬中のスランプの低下，連行空気量の減少，コールドジョイントの発生などの危険性があるため，コンクリートの打込み温度をできるだけ低くする。

(4)　暑中コンクリートでは，コンクリート温度をなるべく早く低下させるためにコンクリート表面に送風する。

解説 寒中コンクリート及び暑中コンクリート

○　**寒中コンクリート**：日平均気温が4℃以下のときは，コンクリートの凍結を防止し，寒冷下においても所要の品質が得られるよう必要な処置をとる。

○　**暑中コンクリート**：日平均気温が25℃以上のときは，スランプ低下，連行空気量の減少，コールドジョイントの発生，温度ひび割れ等を防止するため，必要な処置をとる。打込み時のコンクリートの温度は35℃以下，練り混ぜから打ち終わるまでの時間は1.5時間を超えてはならない。

(1)　気温，コンクリート温度が低いほど側圧は大きくなる。

(2)　適当な方法でコンクリートを保護し，表面の急冷を防止する。

(3)　打込み温度が低く（35℃以下）なるよう配慮する。

(4)　露出面に<u>送風してはならない</u>。

 解答 (4)

重要問題16 コンクリートのひび割れ

コンクリートの「ひび割れの原因」とその「状況」との組合せとして，**適当でないもの**はどれか。

［ひび割れの原因］　　　　　　　　　　　［状　況］

(1)　乾燥収縮　　　　…硬化直後に不十分な養生部分に生じたひび割れ

(2)　中性化・塩害　　…硬化後にかぶり不足の鉄筋に沿って生じたひび割れ

(3)　アルカリ骨材反応…硬化後に常に乾燥していた部位に生じたひび割れ

(4)　沈みひび割れ　　…硬化前にセパレータ上縁に生じたひび割れ

解答と解説　コンクリートのひび割れ

(1)　**乾燥収縮**：乾燥収縮によるひび割れは，コンクリートが鉄筋や接合部材などによって拘束された場合に引張応力により生じる。単位水量を少なくし，打設後は湿潤養生を行い，急激な温度変化が生じないようにする。

(2)　**中性化・塩害**：コンクリートのアルカリ性が低下し，コンクリート中の鋼材が腐食する（**中性化**），あるいは，コンクリート中の塩化物イオンが鋼材を腐食する（**塩害**）と，鋼材が膨張し引張りによりひび割れが生じる。十分なかぶりを確保する。

(3)　**アルカリ骨材反応**：コンクリート中のアルカリ成分と骨材中のシリカ成分が化学反応を起こし，吸水膨張しコンクリートにひび割れが生じる現象をいう。ひび割れから水分が浸入することで鋼材の腐食を引き起こす。水の浸入防止対策が必要で，硬化後に常に湿潤していた部分に生じるひび割れ。

(4)　**沈み（沈下）ひび割れ**：コンクリートの沈下が鉄筋や埋設物に拘束された場合，鉄筋上縁等にひび割れが生じる。タンピングや再振動で処置する。

解答　(3)

関連問題　コンクリートの乾燥収縮に関して，**適当でないもの**はどれか。

(1)　骨材に付着している粘土の量が多い場合には，コンクリートの単位水量が増加して，乾燥収縮によるひび割れが発生しやすくなる。

(2)　AE コンクリートにおいて，空気量が多いほど乾燥収縮は小さい。

(3)　最大寸法の大きい粗骨材を用いれば，所要のワーカビリティーを得るために必要な単位水量を少なくでき，水和熱や乾燥収縮を低減できる。

(4)　水セメント比が同じ場合，単位水量が多いほど乾燥収縮は大きい。

解説　コンクリートの乾燥収縮

(1)　骨材にシルトや粘土が多量に含まれると，所要のコンシステンシーを得るための単位水量が多くなる。乾燥収縮によりコンクリートにひび割れが生じる。

(2)　AEコンクリートの空気量は，容積の4～7％を標準とする。AE剤を用いるとワーカビリティーが改善され単位水量を減少でき，凍結融解に対する抵抗性が増す。単位水量が同じであれば，空気量は乾燥収縮に影響しない。

(3)　粗骨材の最大寸法が大きいほど，必要な単位水量が少なくなる。水和熱や乾燥収縮を低減できる。

(4)　単位水量が多いほど，乾燥収縮は大きくなる。
　　　　　　　　　　　　　　　　　　　　　　　　　解答　(2)

関連問題　下図の「図a」，「図b」は，コンクリートに発生したひび割れ状況を示したものである。それぞれのひび割れの原因の組合せとして，**適当なもの**はどれか。

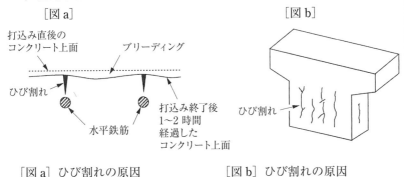

[図a]
打込み直後のコンクリート上面
ブリーディング
ひび割れ
水平鉄筋
打込み終了後1～2時間経過したコンクリート上面

[図b]
ひび割れ

[図a]ひび割れの原因　　　　[図b]ひび割れの原因
(1)　コンクリートの乾燥収縮………………凍結融解の繰返し
(2)　コンクリートの沈下　………………凍結融解の繰返し
(3)　コンクリートの乾燥収縮………………セメントの水和熱
(4)　コンクリートの沈下　………………セメントの水和熱

解説　コンクリートのひび割れ

○　コンクリートには，沈下ひび割れ，乾燥収縮ひび割れ，水和熱に伴う温度ひび割れ，アルカリ骨材反応によるひび割れ等が生じる。

(4)　コンクリートの単位水量やブリーディングが多い場合やスランプ値が大きい場合，コンクリートの沈下は大きくなる。図aは鉄筋により沈下が妨げられてひび割れが生じている。図bの壁状の構造物に3～5m間隔で貫通したひび割れは，水和熱に伴う温度ひび割れである。
　　　　　　　　　　　　　　　　　　　　　　　　解答　(4)

重要問題17 レディーミクストコンクリート

　レディーミクストコンクリートに規定されるコンクリートの検査に関して，**適当でないもの**はどれか。

(1) 1回の強度試験結果は，任意の1運搬車から採取した試料で作った3個の供試体の試験値の平均値で表す。

(2) 塩化物含有量の検査は，工場出荷時に行うこともできる。

(3) スランプ及び空気量の検査で，スランプ及び空気量の一方又は両方が許容の範囲を外れた場合には，新しく試料を採取して1回に限り再試験を行うことができる。

(4) スランプ及び空気量の検査は，発注者の承諾を得れば，工場出荷時に行うことができる。

解答と解説 レディーミクストコンクリートの検査

○　レディーミクストコンクリートは，コンクリート製造工場から随時に購入できるフレッシュコンクリートをいう。レディーミクストコンクリートの**受入れ検査**は，荷おろし地点における品質として強度，スランプ又はスランプフロー，空気量及び塩化物含有量が規定されている。(P208参照)。

(1) コンクリートの**強度**は，次の条件を満足するものでなければならない。

　① 1回の試験結果は，購入者が指定した呼び強度の値の85％以上で，かつ

　② 3回の試験結果の平均値は，購入者が指定した呼び強度の値以上。

　1回の試験結果とは，任意の1運搬車から採取した資料でつくった3個の供試体の圧縮強度の平均値である。試験回数は，原則として20～150m³について1回とする。

(2) コンクリートに含まれる**塩化物含有量**は，荷卸し地点で，塩化物イオンとして0.30 kg/m³以下でなければならない。なお，塩化物量の規定では，塩化物含有量の検査は，工場出荷時に行うことによって荷おろし地点で所定の条件を満足することが十分可能であるので，工場出荷時に行うこともできる。

(3) **スランプ**及び**空気量**は，指定した値に対して表1・8，表1・9の範囲内とする。**スランプ**又はスランプフロー及び**空気量**の一方又は両方が許容の範囲をはずれた場合には，新しく試料を採取して1回に限り試験を行い，その結果が規定に適合すれば合格とする。

(4) スランプや空気量は，経時変化を伴うものであり，荷おろし地点での品質として規定されている。

解答 (4)

表1・8　スランプ値・スランプフローの許容差（単位：cm）

スランプ	許容差	スランプフロー	許容差
3未満	±1	50	±7.5
5以上8未満	±1.5		
8以上18以下	±2.5	60	±10
18超える	±2		

表1・9　空気量（単位：%）

コンクリートの種類	空気量	許容差
普通コンクリート	4.5	±1.5
軽量コンクリート	5.0	
舗装コンクリート	4.5	
高強度コンクリート	4.5	

1・2 コンクリート工

関連問題 レディーミクストコンクリートの水分量に関して，**適当でな**
いものはどれか。

(1)　レディーミクストコンクリートの購入にあたって，単位水量の上限値
は，購入者が生産者と協議のうえ指定することができる。

(2)　AE剤，AE減水剤を適切に用いることにより，コンクリートのワー
カビリティーが改善され，単位水量を減じることができる。

(3)　打込み速度の変動などにより運搬車の待機時間が長くなる場合には，
レディーミクストコンクリートに加水して施工性能を確保する。

(4)　単位水量を増加させると単位セメント量が多くなり，乾燥収縮などが
大きくなる。

解説　レディーミクストコンクリートの水分量

(1)　購入者は，生産者と協議の上で，下表の事項を指定する。

表1・10　レディーミクストコンクリートの指定事項

生産者と協議すべき事項	必要に応じて指定すべき事項
① セメントの種類 ② 骨材の種類 ③ 粗骨材の最大寸法 ④ 骨材のアルカリシリカ反応の抑制対策	⑤ 骨材のアルカリシリカ反応性による区分 ⑥ 呼び強度が36を超える場合の水の区分 ⑦ 混和材料の種類と使用量 ⑧ 標準とする塩化物含有量の上限値と異なる場合の上限値 ⑨ 呼び強度を保証する材齢 ⑩ 標準とする空気量と異なる場合にはその値 ⑪ 軽量コンクリートの場合，コンクリートの単位容積質量 ⑫ コンクリートの最高又は最低の温度 ⑬ 水セメント比の目標値の上限値 ⑭ **単位水量の目標値の上限値** ⑮ 単位セメント量の目標値の下限値又は上限値 ⑯ 流動化コンクリートの場合は，流動化する前からのスランプの増大値など

(3)　打込みまでの時間が長くなる場合には，遅延剤，流動化剤等の**混和剤**（P
64）を使用する。どんな場合でも，施工性能を確保する目的で，レディーミ
クストコンクリートに加水など行ってはならない。　　**解答** (3)

重要問題18 直接基礎

橋台の基礎地盤面の処理に関して，**適当でないもの**はどれか。

(1) 所定の地盤まで掘削したとき，地盤が予想より悪く必要な支持力が得られない場合は，突固めによる土の締固め試験を行い支持力を確認する。

(2) 基礎地盤の支持力不足のために，良質な礫で置き換える範囲は，フーチングの荷重を支持地盤に均等に分布させるのに必要な面積とする。

(3) 基礎地盤付近の掘削は，支持地盤を乱さないようにするため人力で行い，一般に，床付け面は凹凸がないように平らに仕上げる。

(4) 掘削終了後，直ちに栗石や均しコンクリートで掘削底面を覆うことができない場合には，シート等をかけて掘削地盤を乱さないようにする。

解答と解説 基礎地盤の処理

(1) **直接基礎**は，転倒，滑動，地盤の支持力に対して安全でなければならない。基礎底面の支持力が得られないと沈下，転倒など構造物の破壊のおそれがあるため，平板載荷試験（K値）や標準貫入試験（N値）により支持力を確認する。基礎地盤が砂層・砂礫層でN値が30以上，粘性土でN値が20以上の場合は良質な支持層とみなす。

(2) **置換工法**（軟弱地盤を良質材で置換え）の置換え範囲は，**フーチング**（逆T形の基礎）の荷重を支持地盤に均等に分布させるのに必要な面積とする。

(3) 基礎の床付け面は，割栗石基礎工の場合には平滑に仕上げる。

(4) 緩みや風化が生じないよう，シート等をかけて掘削地盤を保護する。

解答 (1)

関連問題 直接基礎の施工に関して，**適当なもの**はどれか。

(1) 岩盤の横抵抗を期待するために基礎岩盤を切り込んで施工する場合，切り込んだ部分の埋戻しには，掘削したずりを材料として用いる。

(2) 基礎が滑動する際のせん断面は，基礎の床付け面下の深い箇所に生じ，床付け面施工時の浅い箇所の乱れは基礎の滑動に影響を及ぼさない。

(3) 基礎岩盤上を均しコンクリートを用いて処理する場合，コンクリートが均等に打設できるように岩盤に不陸を残さず平滑にする。

(4) 基礎に突起をつける場合の突起は，割栗石，砕石で処理した層を貫いて支持層まで十分に貫入させる。

1
・
3

基
礎
工

解説 **直接基礎の施工**

(1)　フーチングの根入れ部分に水平抵抗をとらせる場合，埋戻し土砂を十分に吟味する。特に岩盤を切り込んで施工するときは，掘削したずりではなく貧配合のコンクリートを打つ。

(2)　基礎が滑動する際のせん断面は，床付け面のごく浅い箇所に生じる。施工時に地盤が乱れないように配慮する。

(3)　岩盤の場合，割栗石を用いず，地山の緩んだ部分を取り除いてある程度の不陸を残して均しコンクリート（地表面の凹凸を均す）を打設する。

(4)　基礎に**突起**を付ける場合の突起は，割栗石・砕石で処理した層を貫いて支持層まで十分に貫入させる。

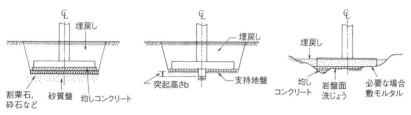

図1・12　基礎底面の処理例

解答 (4)

関連問題 直接基礎の施工に関して，**適当でないもの**はどれか。

(1)　基礎地盤が岩盤の場合の基礎底面の処理は，基礎底面地盤にある程度の不陸を残し，平滑な面としないように配慮する。

(2)　直接基礎の底面は，支持地盤に密着させることで滑動抵抗を期待できるように処理する。

(3)　基礎地盤が砂地盤の場合は，基礎底面を整地したうえで，その上に栗石や砕石を配置する。

(4)　砂質土質は粘性土質に比べて大きな支持力が期待できず，沈下量も大きい場合が多いので支持層とする際には十分な検討が必要である。

解説 **直接基礎の施工**

(4)　粘性土質は，圧密沈下を起こし，地盤面の低下が生じる。記述は粘性地盤の対応措置である。

解答 (4)

重要問題19 **杭基礎（既製杭）**

　既製杭の施工に関して，**適当でないもの**はどれか。

(1)　中掘り杭工法による掘削時及びスパイラルオーガ引き上げ時に，負圧の発生によるボイリングの可能性がある場合は，杭中空部の孔内水位が常に地下水位以下となるように十分注意する。

(2)　プレボーリング杭工法による掘削中は，地盤の掘削抵抗を減少させるため，掘削液を掘削ビットの先端部から吐き出しながら行う。

(3)　打撃工法における斜杭の打込みには，直杭の打込みに比較して容量の大きい，安定性のある杭打ち機を使用する。

(4)　バイブロハンマ工法による地盤中間層の打抜きは，その層が粘性土層でN値15〜30以下の場合，層厚が杭径の2倍程度までなら可能である。

解答と解説　杭基礎（既製杭の施工）

○　**杭基礎**は，直接基礎では支持できない地盤において，上部構造物の荷重を下層の地盤へ伝達する。設計条件により表1・11のものが用いられる。

表1・11　主な杭の種類と工法

(1)　**中掘り杭工法**は，先端開放既製杭の内部に先端にビットを取り付けたスパイラルオーガ（掘削用スクリュー）で，地盤を掘削しながら杭を所定の深さに沈設したのち先端処理を行う。掘削時及びスパイラルオーガの引上げ時の負圧については，孔内水位を常に<u>地下水位より高く</u>保つ。

(2)　**プレボーリング工法**は，掘削ビットで掘削し，根固め液を注入・攪拌・混合して既製杭を沈設する。掘削中は，掘削液をビット先端から吐き出して地盤の掘削抵抗を減少させる。

(3)　**打撃工法**における斜杭の打込みには，杭を垂直に打ち込む直杭の場合より容量の大きい安定性のある杭打ち機を使用する。

(4) **バイブロハンマ工法**による地盤中間層の打抜きは，砂礫層で N 値 30～50 の場合，杭径の 3 倍程度までの層厚，粘性土で N 値が 15～30 以下の場合，杭径の 2 倍程度までの層厚は抜打ちが可能である。

解答 (1)

> **関連問題** 既製杭の打込み杭工法に関して，**適当でないもの**はどれか。
>
> (1) 杭の打込み初期の精度管理は，一般的にトランシットによって 2 方向から杭の傾斜をチェックする。
> (2) 既設構造物に接近して杭を打ち込む場合には，構造物の近くから離れる方向に打ち進む。
> (3) 杭の打止めは，支持層への杭の根入れの長さ及び打撃ごとの杭の貫入量，リバウンド量（動的支持力），支持層の状態などから判断する。
> (4) 群杭の打込みは，群杭の周辺部から中央部に向かって行う。

解説 群杭の打込み

(4) **打撃工法**は，打込みによる地盤の締固め効果が大きい。杭全体を一つの基礎とみなす**群杭**では，杭群の中央部から周辺に向かって打ち進む。

解答 (4)

> **関連問題** 既製杭の施工管理に関して，**適当でないもの**はどれか。
>
> (1) 打撃工法では，貫入量，リバウンド量などから動的支持力算定式を用いて支持力を推定し，打止め位置を決定する。
> (2) プレボーリング根固め工法では，オーガ駆動用電動機の電流値の変化と地盤調査データと掘削深度の関係から支持層の確認をする。
> (3) 最終打撃を行わない中堀り根固め工法では，オーガモータ駆動電流値のデータから直接地盤強度や N 値を算出し支持層の確認をする。
> (4) バイブロハンマ工法では，バイブロハンマモータの電流値，貫入速度などから動的支持力算定式を用いて支持力を推定し，打止め位置を決定する。

解説 既製杭の支持層の確認と打止め管理

(3) **中堀り根固め工法**の支持層の確認は，事前の地盤調査結果とオーガモータの駆動電流等から読みとった掘削抵抗を比較しながら行う。電流値と地盤強度，N 値とは関連しない。

解答 (3)

重要問題20 場所打ち杭工法1

場所打ち杭工法における支持層の確認, 掘削深度の確認方法等に関して, 次の記述のうち, **適当でないもの**はどれか。

(1) アースドリル工法においては, 掘削土の土質と深度を設計図書に記載されているものと対比し, また, 掘削速度や掘削抵抗の状況も参考にして支持層の確認を行う。

(2) オールケーシング工法における掘削深度の確認は, 杭の中心部に近い位置で検測することによって行う。

(3) リバースサーキュレーションドリル工法においては, 一般にデリバリホースから排水される循環水に含まれた土砂を採取し, 設計図書に記載されているものと対比して支持層の確認を行う。

(4) 深礎工法においては, 土質と深度を設計図書に記載されているものと対比し, 目視で支持層の確認を行い, また, 必要に応じて平板載荷試験を実施する。

解答と解説 場所打ち杭工法の支持層・掘削深度の確認

(1) **アースドリル工法**は, ドリリングバケットを回転させて掘削する工法で, 素掘り可能な場合を除き, ベントナイト溶液などの泥水で孔壁防護を行う。支持層の確認は, 掘削土の土質と深度を設計図書及び土質調査資料と対比して行う。

(2) **オールケーシング工法（ベノト工法）**は, 孔壁の崩壊防止のため鋼製（二重管構造）のケーシングチューブを機械の揺動力を利用して押し込み, その内側にハンマグラブを落下させて排土する工法である。支持層の確認は, 掘削した土質と深度を設計図書, 土質調査資料と比較して行う。掘削深度の測定は, 外周部の対面位置2箇所以上で検測する。

(3) **リバースサーキュレーション工法**は, 孔底を回転ビットで掘削し, 土砂をデリバリ（吐出）ホースで水と一緒に排出し, 土砂を沈殿させた後に再び泥水を送り込む工法である。孔壁の防護はスタンドパイプを建て込み, 杭穴に水を満たして静水圧により行う。支持層の確認は, 採取土砂と設計図書とを対比して行う。

(4) **深礎工法**は, 人力掘削と円形リングを用いた鋼製土留め（ライナープレート）との組合せで掘削する工法。簡単な排土設備で施工でき, 山間部の傾斜地や狭い場所に適す。目視, 平板載荷試験（P17）で支持層の確認をする。

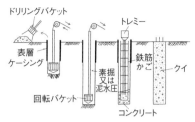

図1・13　アースドリル工法施工順序

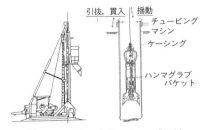

図1・14　オールケーシング工法

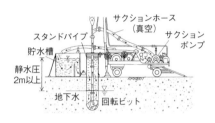

図1・15　リバースサーキュレーション工法

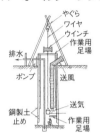

図1・16　深礎工法

解答 (2)

関連問題 場所打ち杭工法の施工に関して，**適当なもの**はどれか。

(1)　アースドリル工法では，掘削土で満杯になったドリリングバケットを孔底からゆっくり引き上げると，地盤との間にバキューム現象が発生する。

(2)　場所打ち杭工法のコンクリート打込みは，一般に泥水中等で打込みが行われるので，水中コンクリートを使用し，トレミーを用いて打ち込む。

(3)　アースドリル工法の支持層確認は，掘削速度や掘削抵抗等の施工データを参考とし，ハンマグラブを一定高さから落下させたときの土砂のつかみ量も判断基準とする。

(4)　場所打ち杭工法の鉄筋かごの組立ては，一般に鉄筋かご径が小さくなるほど変形しやすくなるので，補強材は剛性の大きいものを使用する。

解説 場所打ち杭工法の施工

(1)　ドリリングバケットの引き上げ速度が速い場合には，地盤とバケット間にバキューム（真空）現象による空洞が生じ，また地盤とバケット間の安定液が急激に流れ，孔壁を崩壊させる。

(3)　掘削土砂と土質調査とを照合して，支持層を確認する。

(4)　かご径が大きいほど，変形しやすい。　　**解答** (2)

重要問題21 場所打ち杭工法2

　リバース工法の施工に関する(イ)～(ニ)の記述のうちから，**適当なものをすべて選んだ場合の組合せ**はどれか。

(イ)　孔内水位は，外水位との水位差を2m以上とし，掘削中の逸水に伴う急激な孔内水位の低下等に対応可能な設備を整えておく。

(ロ)　回転ビットにより切削した土砂は，孔内水とともに逆循環方式で排出して，所定の深さまで掘削する。

(ハ)　掘削速度は，ケーシングパイプの長さや安定液の状態を考慮して孔壁が崩壊しない程度の速さを保たなければならない。

(ニ)　スタンドパイプの長さは，地盤や地下水の状況と密接に関係があるので，試験杭の結果を参考にして決定する。

(1)　(イ)　(ニ)　　　　(2)　(イ)　(ロ)　(ニ)　　　　(3)　(ロ)　(ハ)　　　　(4)　(イ)　(ハ)　(ニ)

解答と解説　リバース工法

(2)　**リバース工法**は，表層部にスタンドパイプを設置し，外水位＋2m以上の孔内水位により孔壁を保護しながら孔底でビットを回転させ，掘り起こした土砂はドリルの内空を通してサクションポンプで水とともに吸い出す。動力部と回転装置（ロータリーテーブル）は分離できるため，狭い場所や水上での施工が可能である。なお，(ハ)は，オールケーシング工法。

解答　(2)

関連問題　場所打ち杭工法の孔底処理に関して，**適当でないもの**はどれか。

(1)　孔底処理は，基準標高から掘削完了直後の深度と処理後の深度を検尺テープによって計測し，その深度を比較することにより管理ができる。

(2)　オールケーシング工法における掘削完了後の掘りくずやスライムは，鉄筋かご建込み後にサクションホースを用いて除去する。

(3)　リバース工法では，安定液のように粘性のあるものを使用しないため，泥水循環時に粗粒子の沈降が期待でき，一次孔底処理により泥水中のスライムはほとんど処理できる。

(4)　アースドリル工法における一次孔底処理は，掘削完了後に底ざらいバケットで行い，二次孔底処理は，コンクリート打込み直前にトレミーなどを利用したポンプ吸上げ方式により行う。

解説　場所打ち杭工法の孔底処理

(2)　孔底（スライム）処理には，鉄筋建込み前に行う**一次孔底処理**と建込み後に行う**二次孔底処理**がある。**オールケーシング工法**では，掘削完了後，孔内水の有無に関わらず，鉄筋かご建込み前に掘りくずやスライム（掘削残土）を除去する（一次孔底処理）。孔内に注入する水は土砂分混入が少ないので，ハンマグラブや沈積（底ざらい）バケットによる処理で残留した土砂やスライムを除去する。鉄筋かご挿入後の二次処理はサクション（吸引）ポンプでスライムを除去する。

解答　(2)

関連問題　場所打ち杭工法の掘削土の適正処理に関して，**適当でないも**のはどれか。

(1)　建設汚泥を自工区の現場で盛土に用いるには，特定有害物質の含有量の確認は不要である。

(2)　流動性を呈しコーン指数が概ね 200 kN/m² 以下で一軸圧縮強度が概ね 50 kN/m² 以下の建設汚泥は，産業廃棄物として取り扱われる。

(3)　脱水や乾燥処理を行った建設汚泥は，粘土やシルト分が多く含まれるが，粗粒分を混合して内部摩擦角を増加させて，更に生活環境の保全上支障のないものは盛土に使用することができる。

(4)　含水率が高く粒子の直径が 74 ミクロンを超える粒子が概ね 95 % 以上含まれる掘削物は，ずり分離などを行って水分を除去し，更に生活環境の保全上支障のないものは盛土に使用することができる。

解説　建設汚泥

(1)　自工区の現場に用いる場合でも，事前に有害物質の含有量を確認する。

(2)　場所打ち杭工法，泥水シールド工法等で発生する**建設汚泥**のうち，コーン指数 200 kN/m² 以下，一軸圧縮強度 50 kN/m² 以下の廃泥水（建設汚泥）は，**廃棄物処理法**にいう産業廃棄物である。なお，**建設発生土**は，コーン指数 200kN/m² 以上のものをいう（P219）。

(3)　**資源有効利用促進法**（P218）では，建設副産物のうち，原材料としての利用の可能性があるものとして建設汚泥があげられ，脱水処理，乾燥処理，安定処理等を図り，その土質区分や性質に応じた利用用途が定められている。

(4)　74μm の粒子が 95 % を超える建設汚泥は，ずり分離（土砂と水を分離）等を行い，流動性のない掘削土は土砂として扱う。（建設廃棄物処理指針）

解答　(1)

重要問題22 鉄筋かご，基礎形式の種類

場所打ち杭の鉄筋かごの施工に関して，**適当でないもの**はどれか。

(1)　鉄筋かごに取り付けるスペーサーは，鉄筋のかぶりを確保するための
 もので，同一深さ位置に4～6個で取り付けるのが一般的である。

(2)　鉄筋かごの組立は，一般に鉄筋かご径が大きくなるほど変形しやすく
なるので，組立用補強材はできるだけ剛性の大きいものを使用する。

(3)　鉄筋かごの組立は，鉄筋かごの鉛直度を確保できるように鋼材や補強
筋を溶接により仮止めし，本組立にはなまし鉄線を用い堅固に結合する。

(4)　鉄筋かごを移動する際は，水平につり上げるため，ねじれ，たわみな
どがおきやすいので，これを防止するため2～4点でつるのがよい。

解答と解説　**場所打ち杭の鉄筋かご**

1．場所打ち杭の**鉄筋**かごは，異形棒鋼でつくられ，主鉄筋とそれを取り囲む
帯鉄筋で構成されている。鉄筋かごの加工及び組立ては，鉄筋かごが必要な
精度を確保し，堅固となるように組立てる。

①　軸方向鉄筋の継手は，原則として**重ね継手**とする。重ね継手によらない
場合は，圧接又は機械継手とする。鉄筋の組立てにおいて，形状保持のた
めの溶接を行ってはならない（アーク溶接による鉄筋の変質，断面欠損の
防止のため。道路橋示方書 2012改訂）。

②　帯鉄筋の継手は，鉄筋同士を重ねて片面のみアーク溶接する**フレア溶接**
とし，継手長さは鉄筋径の10倍とする。

2．鉄筋かごの組立ては，鉄筋かごの径が大きくなるほど変形しやすいので，
組立用補強材（補強リング）は剛性の大きなものを使用する。

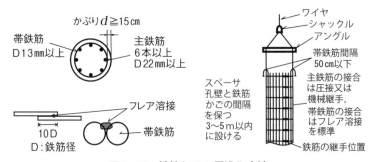

図1・17　鉄筋かごの吊込み方法

解答　(3)

関連問題 基礎形式の種類と特徴に関して，**適当でないもの**はどれか。

(1)　直接基礎は，一般に支持層位置が浅い場合に用いられ，側面摩擦によって鉛直荷重を分担支持することは期待できないため，その安定性は基礎底面の鉛直支持力に依存している。

(2)　杭基礎は，摩擦杭基礎として採用されることもあるが支持杭基礎とするのが基本であり，杭先端の支持層への根入れ深さは，少なくとも杭径程度以上を確保する。

(3)　鋼管矢板基礎は，主に井筒部の周面抵抗を地盤に期待する構造体であり，鉛直荷重は基礎外周面と内周面の鉛直せん断地盤反力のみで抵抗させることを原則とする。

(4)　ケーソン基礎は，沈設時に基礎周面の摩擦抵抗を低減する措置がとられるため，鉛直荷重に対しては周面摩擦による分担支持を期待せず基礎底面のみで支持することを原則とする。

解説 **基礎形式の種類と特徴**

(3)　**鋼管矢板基礎**（特殊基礎）は，連結継手をもった鋼管矢板を井筒状（リンク）に打ち込み，頭部を頂版（フーチング）で結合してケーソンの特性をもたせた基礎である。支持力は，先端支持力（鉛直地盤抵抗）及び外周面・内周面の周面支持力（鉛直せん断地盤抵抗）による。

鋼管
継手
断面

解答 (3)

表1・12　各種基礎工の特徴及び比較

基礎工の種類			特　徴	欠　点	工　法
直　接　基　礎			費用最小・確実な基礎	適用範囲が限られる	フーチング基礎ベタ基礎
杭　基　礎	既　製　杭		段取りが小さくすむ コストが安い 工期が短い	地質の確認が不可能。騒音・振動が大きく，玉石があると施工困難	打込み工法 埋込み工法
	場所打ち杭		騒音振動が少ない 確実な支持力を得る	段取りが大きくなり，コストが割高となる	ベノト工法 リバース工法 深礎工法
ケーソン基礎（ピヤ基礎）	オープンケーソン・ニューマチックケーソン		大きな支持力・水平抵抗力が得られる 地質を確認できる	段取りが大きくなり，コストが高くなる	ケーソン基礎 ピヤ基礎

重要問題23　🧑‍🔧　土留め工法

土留め工法とその特徴の組合せとして**適当でないもの**はどれか。

　　　　［土留め工法］　　　　　［特　　徴］

(1)　鋼矢板工法……………地中に鋼矢板を連続して構築し，鋼矢板の継ぎ
　　　　　　　　　　　　　　　手部のかみ合せで止水性が確保される。

(2)　親杭横矢板工法………H型鋼の親杭と土留め板により壁を構築するも
　　　　　　　　　　　　　　　ので，施工が比較的容易であるが止水性に期待
　　　　　　　　　　　　　　　ができない。

(3)　地中連続壁工法………深い掘削や軟弱地盤において，土圧，水圧が小
　　　　　　　　　　　　　　　さい場合などに用いられる。

(4)　鋼管矢板工法…………地盤変形が問題となる場合に適し，深い掘削に
　　　　　　　　　　　　　　　用いられる。

解答と解説　土留工法の種類と特徴

表1・13　土留め工法の種類

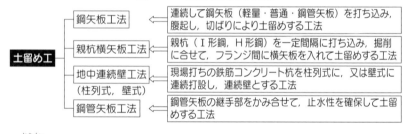

○　**親杭横矢板工法**は，地下水が少ない地盤に適している。土質が軟弱で地下
水が多い場合には，**鋼矢板工法**が用いられるが，鋼矢板では掘削深さが15
mを超えると施工不可能となる。地下水位の高い粘性土では矢板の根入れ
深さを大きくして**ヒービング**を防止する。地下水の高い砂質地盤において
は，根入れ深さを大きくして**ボイリング**を防止する。

(3)　**地中連続壁工法**は，掘削壁面の崩壊をベントナイトなどの安定液を用いて
防ぎ，地盤を掘削，鉄筋かごの建込み，コンクリートの打設により，地中に
連続壁を築造する。地中連続壁工法は，止水性がよく，剛性が大きいため，
<u>大きな土圧や水圧</u>が作用する場合に適する。

解答　(3)

表1・14　各種土留め壁の使用材料による長所・短所

名称	使用条件	使用材料の長所及び短所
シートパイル（鋼矢板）	①水密性を必要とする場合 ②ヒービング・ボイリングのおそれのある場合 ③軟弱地盤で横矢板が挿入できない場合	①耐久性がある ②修理可能 ③反復使用が可能 ④たわみが大きい ⑤埋設物などがあれば連続施工不可 ⑥硬い地盤には打込み困難
親杭横矢板	①ヒービングのおそれのない場合 ②湧水のない場合 ③横断埋設物のある場合	①材料の剛度が大きい ②埋設物のある場合でも打込み可 ③横矢板の裏に空隙ができると周辺の地盤沈下を起こす可能性あり
コンクリート連続地中壁	①深い構築の場合 ②特に遮水性・水密性が要求される場合 ③騒音規制を受けるとき ④周辺の地盤沈下を防ぎたい場合	①剛性があり本体構造として利用可 ②長さ・厚さが比較的自由に選択可 ③支持杭として利用できる ④仮土留めとした場合には工費が高い ⑤横断埋設物のある場合連続施工不可

関連問題 各種土留め工の特徴と施工に関して，**適当でないもの**はどれか。

(1)　アンカー式土留めは，土留めアンカーの定着のみで土留め壁を支持する工法で，掘削周辺にアンカーの打設が可能な敷地が必要である。

(2)　控え杭タイロッド式土留めは，控え杭と土留め壁をタイロッドでつなげる工法で，掘削面内に切梁がないので機械掘削が容易である。

(3)　自立式土留めは，切梁，腹起し等の支保工を用いずに土留め壁を支持する工法で，支保工がないため土留め壁の変形が大きくなる。

(4)　切梁式土留めは，切梁，腹起し等の支保工により土留め壁を支持する工法で，現場の状況に応じて支保工の数，配置等の変更が可能である。

解説 **土留め工の特徴**

(1)　土留めアンカーと掘削側の地盤の抵抗で土留め壁を支持する。　**解答** (1)

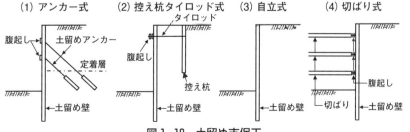

図1・18　土留め支保工

重要問題24 掘削底面の破壊現象

　地下水位が高い砂質地盤で土留め壁を設けて掘削を行う場合，ボイリング防止対策として，**効果が期待できないもの**はどれか。

(1)　土留め壁の根入れを深くする。

(2)　土留め壁の根入れ深さを変えず剛性を上げる。

(3)　根入れ先端部に薬液注入工法等により不透水層を形成する。

(4)　ディープウェルやウェルポイントにより地下水位を低下させる。

解答と解説　ボイリングに対する防止対策

○　掘削底面の破壊現象として，高含水比の粘性地盤では土止め壁の背面の土圧により掘削底面が膨れ上がる**ヒービング現象**が生じる。一方，地下水位の高い緩い砂質地盤では，水と砂が湧き出す**ボイリング現象**が生じる。

○　ヒービング及びボイリングの安全対策は，表1・15のとおり。なお，**根入れ深さ**は，H形鋼（親杭）で1.5 m以上，鋼矢板で3 m以上とする。

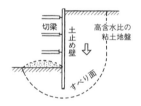

図1・19　ヒービング

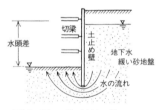

図1・20　ボイリング

表1・15　ヒービング・ボイリングの安全対策

ヒービングの安全対策	ボイリングの安全対策
ヒービングは，軟弱な粘性地盤において，掘削背面の土の重量が掘削底面以下の地盤の支持力より大きくなると掘削背面の土が滑り出し，掘削底面がふくれあがる現象。	ボイリングは，地下水位の高い砂質地盤において，矢板先端の内部の土圧と水圧のバランスがくずれ，締切りの内部に水や砂が噴き上がって急激に地盤が崩壊する現象。
① 十分に安全な矢板断面を確保する ② 矢板の根入れ長を大きくとる ③ 掘削底面下の地盤の改良をする ④ 掘削背面の荷重の低減等を行う	① 矢板の根入れ長を大きくする ② ウェルポイント等で地下水を排除する

(2)　壁体の剛性を高めることと，ボイリング防止とは関係しない。

(4)　**地下水位低下工法**には，真空ポンプによる強制排水（**ウェルポイント工法**）と水中ポンプによる重力排水（**ディープウェル工法**）がある。　　**解答** (2)

関連問題 土留め支保工の計測管理の結果，土留めの安全に支障が生じると予測された場合の対策に関して，**適当でないもの**はどれか。

(1) 盤ぶくれに対する安定性が不足すると予測されたので，切ばり，腹起し部材の剛性を高めた。

(2) ボイリングに対する安定性が不足すると予測されたので，水頭差を低減させるため，背面側の地下水位を低下させた。

(3) ヒービングに対する安定性が不足すると予測されたので，背面地盤をすき取り掘削を続行した。

(4) 土留め壁又は支保工の応力度，変形が許容値を超えると予測されたので，切ばりにプレロードを導入した。

解説 土留めの安全対策

(1) **盤ぶくれ**は，掘削底面が下方からの水圧でもち上げられ，ふくれる現象である。不透水性の粘性土が掘削底にあり，その下に透水地盤があるときに起こりやすい。対策として，土留め壁を下部の難透水層まで根入れする方法，地下水を汲み上げ揚圧力を低下させる方法，地盤改良する方法がある。切ばり，腹起しの剛性と関係がない。

表1・16　掘削底面の破壊（盤ぶくれ）

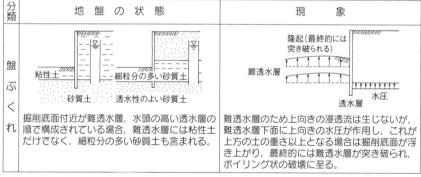

分類	地　盤　の　状　態	現　象
盤ぶくれ	掘削底面付近が難透水層，水頭の高い透水層の順で構成されている場合，難透水層には粘性土だけでなく，細粒分の多い砂質土も含まれる。	難透水層のため上向きの浸透流は生じないが，難透水層下面に上向きの水圧が作用し，これが上方の土の重さ以上となる場合は掘削底面が浮き上がり，最終的には難透水層が突き破られ，ボイリング状の破壊に至る。

(4) **切ばりのプレロード**とは，切ばり架設後，根切りに先立って設計軸力を導入し，山留め壁を外側へ押し込んだ後，根切り（地面を掘る）をする工法をいう。根切りに発生する土圧に対して，山留めの安定性を確かめ，変形を防止，周辺地盤沈下を阻止する。 **解答** (1)

|資料|　混和材料の分類とその効果

	分　類		特　徴　及　び　効　果	用　　途
混和剤	AE剤		コンクリートの中に微細な独立した気泡を一様に分布させる混和剤。ワーカビリティーが良くなり，分離しにくくなり，ブリーディング，レイタンスが少なくなる。凍結，融解に対する抵抗性が増す。コンクリートの肌が良くなる。	最も一般に用いられる。とくに寒冷地では必ず用いられる。
	減水剤	標準形	減水に伴って単位セメント量を減らせる。コンクリートを緻密にし鉄筋との付着などがよくなる。コンクリートの粘性が増し，分離しにくくなる。	単位水量，単位セメント量が多くなりすぎるときなどに用いる。
		促進形	強度が早く発現する。塩化物を含んでいるものが多いので鉄筋の発錆などの問題がある場合は注意を要する。	主に寒中施工の場合に使用。
		遅延形	減水効果のほかにコンクリートの凝結を遅らせる効果がある。コンクリートの水和熱による温度上昇の時間を若干遅らせる。	マスコンクリート暑中コンクリート
	AE減水剤		AE剤と減水剤の効果を両方兼備えている混和剤。	AE剤同様，一般的に使用されている。
	高性能AE減水剤		空気連行性をもった高性能減水剤で，スランプロス低減効果を付与された混和剤。	高強度用など，単位水量，単位セメント量を低減したい場合に使用。
	高性能減水剤	高強度用	減水率がとくに高く，高強度コンクリートとか，流動化コンクリート用として使用される。	高強度用。とくに単位水量・セメント量を少なくしたいときなど。
		流動化用		
	凝結遅延剤		凝結の開始時刻を遅らせる混和剤。多量に用いると硬化不良を起こすことがある。	暑中施工時
	硬化促進剤		初期材令における強度を増進させる。乾燥収縮が若干大きくなる。	寒中あるいは急速施工用。
	防錆剤		鉄筋の防錆効果を期待するものである。	海砂を使う場合など。
	分離低減剤		粘性が高く，材料分離を起こさないようにする材料。ブリーディングもほとんどなく，セルフレベリング性が高くなる。	水中コンクリート逆打ちコンクリート
混和材	ポゾラン	フライアッシュ	長期強度が大きい，水密性が大きい，化学抵抗性が大きいなどの利点があるが，早期強度が小さい。品質によっては，単位水量が多くなり，乾燥収縮が大きくなることもある。	マスコンクリート暑中コンクリート
		高炉水さい		
		シリカフューム		
	鉱物質微粉末		高炉スラグ粉末，岩石粉末などがあり，いずれもブリーディングの低減。強度の増加効果がある。	ブリーデングの抑制が必要な場合など。
	膨張材		初期材令で若干膨張することによって収縮率を小さくできる。	水密コンクリートなどひび割れ防止用。
	急硬材		極短時間でコンクリートの強度発現を期待できる。セッターを適切に用いてハンドリングタイム（処理時間）を調節できる。	主として補修工事用コンクリートとして使用

第2章

専門土木

[選択問題・問題A]

内容

1. RC・鋼構造物工事
2. 河川・砂防工事
3. 道路・舗装工事
4. ダム・トンネル工事
5. 海岸・港湾工事
6. 鉄道・地下構造物工事
7. 上下水道工事

対策

1. 土木工学等のうち，専門土木では上記の各種土木工事について，一般的な知識が問われます。
   34問出題，うち10問題選択・解答
2. すべての分野をマスターすることは，必要ではありません。専門土木の分野は，その範囲が広く，専門性も高い。各人が得意とする分野に絞って学習して下さい。

重要問題25 🧑‍🔧 **鋼材の特徴**

鋼道路橋に用いられる耐候性鋼材に関して，**適当な**ものはどれか。

(1) 耐候性鋼材にモルタルが付着した場合には，水洗いせず，乾燥後にはつり除去する。

(2) 接合材料として耐候性鋼橋梁に用いる高力ボルトは，主要構造部材と同等以上の耐候性能を有する耐候性高力ボルトを用いるものとする。

(3) 現地架設後，床版コンクリート打設までの期間が長期に及ぶ場合は，雨水による錆びむらの発生を避けることが困難なため，発生した錆びむらをグラインダで除去する。

(4) 耐候性鋼材の表面の黒皮は防せい（錆）機能があるため，これを除去してはならない。

解答と解説 **耐候性鋼材**

(1) **耐候性鋼材**（緻密な安定した保護性の錆びにより防食効果を高める鋼材）にモルタルが付着した場合には，水洗いをして，乾燥固化する前に除去する。

(3) 工事中に発生する錆びは，層状はく離まで至らないため処置不要，要観察レベルである。故に，錆びむらをグラインダで除去する必要はない。

(4) 耐候性鋼材の表面は，耐久性を向上させるために錆びや黒皮（酸化皮膜）を除去する。

解答 (2)

関連問題 耐候性鋼材の特徴に関して，**適当でない**ものはどれか。

(1) 鋼材に適量の合金元素を添加することによって，鋼材表面に緻密な錆層が形成される。この錆層が鋼材表面を保護することで錆びの進展を抑制し，腐食速度が普通鋼材に比べて低下する。

(2) 耐候性鋼材で緻密な錆び層が形成されるには，大気に触れ，雨水によって浮き錆びが流され，日照によって錆び表面が乾燥することが必要である。

(3) 鋼材面の錆びの状況については，定期的に点検を行い，異常な錆びを生じた場合にはその原因を取り除き，塗装などの対応をする。

(4) 海水の飛沫が直接かかるような海岸にごく近い場所において，無塗装の場合であっても，防錆，防食の性能は十分に発揮される。

解説 **耐候性鋼材の特徴**

(1) **耐候性鋼材**は，銅，クロム等の合金元素の添加による鋼材表面の緻密な酸化膜の形成による保護により，その後の錆びの進展を防止する。

(2) 常時錆び表面が濡れている場合は生成されない。

(3) サンドペーパー，ワイヤブラシ等で研磨し，防錆塗装で処置をする。

(4) 無塗装の鋼材では塩分による錆びの発生は避けられない。無塗装の鋼材は，海岸に近い場所においては，防錆，防食の性能は十分に発揮されない。

解答 (4)

関連問題 鋼材の力学特性に関して，**適当でないもの**はどれか。

(1) 硬鋼や高張力鋼などは，明瞭な降伏点を示さないものもある。

(2) 鋼材に弾性限界以上の応力あるいは塑性ひずみが繰返し生じると，その応力-ひずみ関係が変わり，疲労現象（低サイクル疲労）が生じる。

(3) 鋼材の応力-ひずみ曲線の形状は鋼種により異なり，SS400のような軟鋼材では，最大荷重になった後，十分伸びてから破断する。

(4) 溶接継手部の疲労強度は，使用する鋼材の静的強度に関係し，継手にかかわらず高強度鋼の方が常に高い。

解説 **鋼材の力学的特性**

(1) 鋼（炭素含有量0.02〜2.1%）には**降伏点**（ひずみだけが増加する点）が存在するが，**硬鋼**（炭素含有量0.5%以上）や高張力鋼では，最大応力ひずみが小さく，最大応力直後，急激に破断し明瞭な降伏点を示さない。

(2) 鋼材は，繰返し荷重により静的強さ以下の荷重でも破壊する。負荷が繰り返される**疲労現象**を**低サイクル疲労**（塑性疲労）という。

(3) SS400（一般構造用圧延鋼材）のような**軟鋼材**（炭素含有量0.2〜0.3%)では，最大荷重以降十分伸びてから破断する。

(4) 溶接継手部の疲労強度（繰り返し応力下で強度が低下）を及ぼす要因は，鋼材の強度，構造物や継手の形状，溶接欠陥，残留応力などであり，使用する鋼材の静的強度に関係せず，継手によっては高強度鋼の方が低くなる。

解答 (4)

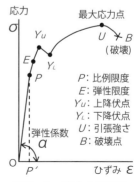

図2・1　応力とひずみ

P: 比例限度
E: 弾性限度
Y_u: 上降伏点
Y_L: 下降伏点
U: 引張強さ
B: 破壊点

重要問題26 溶接・高力ボルト

鋼橋の現場溶接の施工に関して，**適当でない**ものはどれか。

(1) 軟鋼用溶接棒は割れのおそれのない場合に用いられるが，吸湿がはなはだしいと思わぬ欠陥が生じる。乾燥をおろそかにしてはならない。

(2) 組立溶接は，一般には一部あるいは大部分が本溶接内に残留するので，本溶接を行う溶接作業者と同等の技能をもつ者を従事させる。

(3) アークスタッドの外観検査は，全数について行い，不合格になったスタッドジベルはハンマー打撃による曲げ検査を行う。

(4) 部分溶込み開先溶接のように開先角度の大きい場合は，溶接ビート終端にクレータが生じ，この部分にクレータ割れが特に生じやすい。

解答と解説 　鋼橋の現場溶接の施工

(1) 手溶接に用いる**溶接棒**は，吸湿しているとアークが不安定となり，ブローホール，ビット割れ等の欠陥が生じる。溶接棒は乾燥した状態で使用する。

(2) **組立溶接**のように短い長さの溶接は割れが生じやすく，本溶接内に残留することもあり，本溶接を行う溶接作業者と同等の技能をもつ者が従事する。

(3) **アークスタッド溶接**は，鋼桁とコンクリート床版を一体化する溶接で，**スタッドジベル**とは，梁とスラブを結合する頭付スタッド，鋲をいう。ハンマー打撃検査の結果，割れ等の欠陥が生じないものを合格とする。

(4) 溶接ビード終端は，クレータが生じ，クレータ割れが発生しやすい。部分的にしか溶接しない**部分溶込み開先溶接**（部材に溝を設けるグルーブ溶接）のように開先角度の<u>小さい</u>場合はクレータ割れが生じやすい。

解答 (4)

関連問題 　鋼橋架設における高力ボルト継手施工に関して，**適当でない**ものはどれか。

(1) 継手の接触面を塗装しない場合は，接触面の黒皮を除去し粗面とする。

(2) ボルトを継手の外側端から中央に向かって締め付けた場合は，連結板が浮き上がり，部材と連結板の密着性が悪くなる傾向がある。

(3) 継手部の母材に板厚差がある場合には，フィラーを2枚まで重ねて用いることができる。

(4) ボルト軸力の導入は，原則としてナットをまわして行う。

解説 **高力ボルト継手の施工**

⑴　**高力ボルト**（接合部材間の接触面に生じる摩擦力によって応力を伝達する）の接合面のすべり係数 0.4 以上を確保するため，黒皮を除去し粗面とする。浮錆び，油等を取り除いたあとに塗装を行ってはならない。

⑵　ボルトの締付けは，密着性を確保するため，中央部のボルトから順次，端部に向かって締め付ける。

⑶　高力ボルトを継手に使用する板厚差をなくす**フィラー**（隙間埋め鋼材）は，2 mm 以下の板厚には使用できない。また，2 枚重のフィラーは，肌隙が増し，腐食が生じやすいので使用しないこと。

⑷　ボルトの締付けは，原則としてナットをまわして行う。

解答 ⑶

関連問題 鋼橋の架設作業に関して，**適当でないもの**はどれか。

⑴　I 形断面部材を仮置きする場合は，面外曲げ剛度，ねじり剛度が低いため，横倒れ座屈に注意しなければならない。

⑵　構造物や部材を横方向に移動する場合は，両端における作業誤差が生じやすいため，移動量及び移動速度を施工段階ごとに確認する。

⑶　送出し工法では，架設中のみに圧縮力を受けるフランジの座屈現象に対して，架設時の応力度照査は省略できる。

⑷　部材の組立てに用いる仮締めボルトとドリフトピンの合計本数は，その箇所の連結ボルト数の 1 / 3 以上を標準とする。

解説 **鋼橋の架設作業**

⑶　**送出し**（**押出し**）**工法**は，桁の先端に**手延機**を付け桁を長くして送り出す工法で，架設中の構造形が設計上の構造形と異なり，また架設中の支点が完成時と異なる。設計時から架設時の応力，変形，局部応力等を検討する。架設時の応力度照査を省略してはならない。

〔架設工法〕
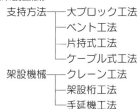

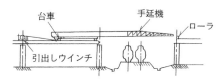

図 2・2　手延機による送出し式工法

解答 ⑶

重要問題27 鉄筋コンクリート床版

橋梁の鉄筋コンクリート床版の施工に関して，**適当でないもの**はどれか。

(1) 支保工上でのコンクリートの打込み順序は，支保工の沈下が予測された場合，最も沈下しやすい箇所を最初に打ち込み，コンクリートに有害な影響を与えないように行う。

(2) 表面仕上げは，荒仕上げ後コンクリートが沈降して十分落ち着き，ブリーディング水が出てきた状態のときから乾燥するまでの間に行う。

(3) 暑中コンクリートは，凝結が早いため通常のコンクリートに比べてコールドジョイントが生じやすいので，打込みを迅速に行う。

(4) 木製型枠を使用する場合は，コンクリートの打込み前に，木製型枠をあらかじめ乾燥状態にしておく。

解答と解説　橋梁の鉄筋コンクリート床版の施工

(1) コンクリートの打設順序は，コンクリートの自重による支持桁の変形の影響を小さくするため，一般に変形の大きい箇所（たわみの大きいスパン中央など）から打設する。

(2) 表面仕上げは，ブリーディング水が出てきた状態から乾燥までに行う。

(3) **暑中コンクリート**については，**コールドジョイント**（層状に打ち込んだ場合の不連続面）が生じないよう打込み速度を十分に検討する（P45）。

(4) コンクリートを打ち込む前には，型枠等コンクリートから吸水するおそれのある所を<u>湿潤状態</u>に保つ。

解答 (4)

関連問題　鉄筋コンクリート床版に関して，**適当でないもの**はどれか。

(1) 床版の厚さは，設計値に対する誤差が $+20 \sim -10\,mm$ の範囲にあるように施工する。

(2) 床版の打継目は，主応力が橋軸方向に作用するため，ジョイント部の完全な一体化が容易な橋軸方向に設置する。

(3) 床版に縦横勾配がついている場合のコンクリート打設は，低い方から高い方へ向かって打込みを行うのがよい。

(4) 床版のコンクリートの打設順序は，コンクリートの自重による支持桁の変形の影響を小さくするため，変形の大きくなる箇所から打設する。

解説　鉄筋コンクリート床版の施工

(2)　コンクリートの重量による主桁の変形は，橋軸と直角方向に発生するため，橋軸と直角方向でコンクリートを打設すれば，ひび割れが少ない。床版の打継目は，ジョイント部の完全化が容易な橋軸と直角方向に設置する。

解答 (2)

関連問題　RC 構造物のひび割れに関して，**適当でないもの**はどれか。

(1)　道路橋の鉄筋コンクリート床版の疲労劣化では，乾燥収縮や荷重作用により発生したひび割れが貫通すると，路面からの浸透水によりひび割れ面の摩耗が促進される。

(2)　コンクリート橋に塩化ナトリウムを成分とする凍結防止剤を散布すると，アルカリ骨材反応を促進しひび割れを生じさせることがある。

(3)　コンクリートの中性化による劣化では，かぶりの小さい鉄筋に沿ったひび割れが生じることがある。

(4)　コンクリートの酸類による劣化では，収縮ひび割れが生じる。

解説　コンクリート構造物のひび割れ

(4)　酸による劣化は，コンクリートの中性化及びセメント硬化体自身を破壊する。収縮ひび割れとは関係がない。なお，(2)凍結防止剤（$NaCl$）は，アルカリ骨材反応を促進する（P38）。

解答 (4)

関連問題　コンクリート構造物の健全度を把握するための調査項目と調査手法との組合せとして，**誤っているもの**はどれか。

	［調査項目］		［調査方法］
(1)	中性化深さ	……	フェノールフタレインによる測定
(2)	鉄筋のかぶり	……	反発硬度法による測定
(3)	ひび割れ	……	電磁波による測定
(4)	コンクリートの強度	……	超音波伝播速度による測定

解説　RC 構造物の健全度（調査項目と調査手法）

(2)　鉄筋位置の測定には，レーダー，電磁誘導，放射線透過，超音波試験を行う。反発硬度法（シュミットハンマ）は圧縮強度の推定の調査方法。フェノールフタレインはコンクリートの pH 測定である。

解答 (2)

重要問題28 コンクリート構造物の劣化

コンクリート標準示方書で定めるコンクリート構造物の耐久性照査に関して，**適当なもの**はどれか。

(1) 塩化物イオンの侵入に伴う鋼材腐食に関する照査は，外部から塩化物の影響を受けない環境条件の場合には，練混ぜ時にコンクリート中に含まれる塩化物イオンの総量が $0.3 \, kg/m^3$ 以下であれば省略してもよい。

(2) 中性化に関する照査は，普通ポルトランドセメントを用いてコンクリートの水セメント比を55%以上，かぶりを $30 \, mm$ 以下とする場合は，一般に省略してもよい。

(3) 耐化学的侵食に関しては，温泉環境や酸性河川などの侵食作用が非常に激しい場合，実際の環境にコンクリート供試体を暴露することによる性能の照査を省略してもよい。

(4) 耐アルカリ骨材反応に関する照査は，骨材のアルカリシリカ反応性試験で区分B「無害でない」と判定された骨材を使用するときには，いかなる場合でも省略してもよい。

解答と解説 コンクリート構造物の耐久性照査

○ コンクリート構造物に必要な**耐久性照査項目**（所要性能確保の審査）は，**中性化**，塩化物イオンの侵入（**塩害**），凍結融解作用（**凍害**），**化学的侵食**，**アルカリ骨材反応**等による構造物の劣化に対する抵抗性です（P116参照）。

(1) 練混ぜ時にコンクリート中に含まれる**塩化物イオン**の総量が $0.30 \, kg/m^3$ 以下であれば，塩化物イオンによって構造物の所要の性能は失われない。塩化物イオンの侵入に伴う鋼材腐食に関する照査は，省略できる（**塩害**）。

(2) 普通ポルトランドセメントを用いてコンクリートの水セメントを <u>50%以下</u>とし，<u>30 mm 以上</u>のかぶりがある場合は，**中性化**に関する照査は省略できる。

(3) **耐化学的侵食**の照査は，対象となる侵食作用を考慮したコンクリート供試体による暴露試験（屋外でコンクリートの劣化状況を調べる試験）等により<u>確認することを原則とする。省略できない。</u>

(4) 区分B「無害でない」の骨材を使用するときは<u>アルカリ骨材反応の抑制対策をとる</u>（照査必要）。**耐アルカリ骨材反応**の抑制対策は，次のとおり。

① コンクリート中のアルカリ総量の抑制（Na_2O 換算で $3 \, kg/m^3$ 以下）。

② 混合セメントの使用。

③ 安全と認められる骨材の使用（区分A）。

 解答 (1)

関連問題 鉄筋コンクリート構造物の「外観目視調査による変状」とその「推定される劣化機構」の組合せとして，**適当なもの**はどれか。

[外観目視調査による変状]　　　　　　　　　　　　[推定される劣化機構]

(1) 鉄筋軸方向のひび割れ，錆汁，コンクリートや鉄筋の断面欠損　………　凍　害

(2) 鉄筋軸方向のひび割れ，コンクリートはく離　………　中性化

(3) 亀甲状の膨張ひび割れ，ゲル，変色　………　塩　害

(4) 微細ひび割れ，スケーリング，ポップアウト　………　アルカリシリカ骨材反応

解説 **コンクリート構造物の劣化機構**

(1) **凍害**（凍結による体積膨張）による劣化には，初期凍結におけるひび割れ，はく離及び硬化後のひび割れなどがある。

(2) **中性化**（コンクリート中のアルカリ性が低下→鉄筋の腐食・膨張）による劣化は，鉄筋の軸方向のひび割れ，コンクリートのはく離の発生など。

(3) **塩害**（塩化物イオン作用でコンクリート中の鋼材が腐食・膨張）による劣化は，ひび割れ，はく離，耐荷性の低下などである。

(4) **アルカリ骨材反応**（シリカ成分とセメント中のアルカリが反応して，吸水膨張）による劣化には，膨張ひび割れ（拘束方向，亀甲状），ゲル，変色がある。なお，微細ひび割れ，スケーリング（表面のコンクリートがフレーク状にはく離），ポップアウト（骨材の表面が円錐状にはく離）は，**凍害**による。

表2・1　RC構造物の劣化機構

劣化機構	劣化現象
中性化	①，②，③，④
塩　害	①，②，③，④
アルカリ骨材反応	②，③，④，⑤
凍　害	②，③，④
乾　燥	②
化学的腐食	④
火　災	③，④，⑥

〔劣化現象〕
① 内部鉄筋腐食
② ひび割れ
③ はく離又はポップアウト
④ 変色，汚れ，脆弱化など
⑤ 部材耐力低下，部材変形
⑥ 500℃を超えると，強度低下が著しく，弾性係数も半減する。

(注) **劣化機構**：地域区分では，海岸地域（塩害），寒冷地域（凍害，塩害），温泉地域（化学的侵食）が，環境・使用条件では，乾湿繰返し（アルカリシリカ反応，塩害，凍害），凍結防止剤使用（塩害，アルカリシリカ反応），繰返し荷重（疲労，すりへり），二酸化炭素（中性化），酸性水（化学的侵食）が要因となる。

解答 (2)

2・1 RC・鋼構造物工事

重要問題29 河川堤防

河川堤防の施工に関して，**適当でないもの**はどれか。

(1) 築堤土は，粒子のかみ合せにより強度を発揮させる粗粒分と，透水係数を小さくする細粒分が，適当に配合されていることが望ましい。

(2) トラフィカビリティーが確保できない土は，トレンチによる排水，曝気乾燥等により改良することで，堤体材料として使用が可能になる。

(3) 石灰を用いた土質安定処理工法は，石灰が土中水と反応して，吸水，発熱作用を生じて周辺の土から脱水することを主要因とするが，反応時間はセメントに比較して長時間が必要である。

(4) 嵩上げや拡幅に用いる堤体材料は，表腹付けには既設堤防より透水性の大きい材料を，裏腹付けには透水性の小さい材料を使用する。

解答と解説　河川堤防の盛土の施工

(4) 嵩上げや拡幅に用いる堤体材
料は，表腹付けには，漏水や
法すべりを防止するために，締
め固めた土の強度が大きい難透
水性材料を用いる。また，裏腹
付けでは，浸透水（湿潤線）の

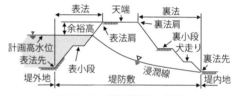

図2・3　堤防断面の名称

上昇によって法すべりを発生しないようなせん断強度が大きい土を選定する。なお，裏法尻部に透水性材料を用いると浸透水が速やかに排水され，安定化を図ることになる。

解答 (4)

関連問題 河川堤防の盛土施工に関して，**適当なもの**はどれか。

(1) 築堤盛土の施工では，降雨による法面侵食の防止のため適当な間隔で仮排水溝を設けて降雨を流下させたり，降水の集中を防ぐため堤防縦断方向に排水勾配を設ける。

(2) 築堤盛土の施工開始にあたっては，基礎地盤と盛土の一体性を確保するために地盤の表面を乱さないようにして盛土材料の締固めを行う。

(3) 既設の堤防に腹付けを行う場合は，新旧法面をなじませるため段切りを行い，一般にその大きさは堤防締固め一層仕上り厚程度とする。

(4) 築堤盛土の締固めは，堤防縦断方向に行うことが望ましく，締固めに際しては締固め幅が重複するように常に留意して施工する。

解説　河川堤防の盛土の施工

(1)　盛土施工中は4～5％程度の横断勾配を確保し，<u>横断方向に排水を行う</u>。

(2)　旧地盤と盛土のなじみを良くし，地盤の安定を図ることにより支持力を増加させるため**基礎地盤処理**を行う。

(3)　**段切り**は，堤防締固め一層仕上り厚の<u>倍の50～60cm程度</u>とする。

解答　(4)

関連問題　軟弱地盤上の河川堤防に関して，**適当でないもの**はどれか。

(1)　盛土速度は，一般に，代表的な地点の土質調査結果に基づき，試験施工による時間的経過を追跡し，安全を確認して決定する。

(2)　一般に，載荷重工法は，バーチカルドレーン工法よりも圧密沈下を早く促進させることができる。

(3)　盛土法尻付近に人家や重要な構造物があり，軟弱層が厚く盛土高が大きい場合には，載荷重工法等の圧密促進工法より深層混合処理工法を採用するのが望ましい。

(4)　表層処理工法として用いるサンドマットは，漏水の原因となるので，堤防の下に連続するような施工は行わない。

解説　軟弱地盤上に設ける河川堤防

(1)　軟弱地盤では破壊しない範囲で盛土荷重をかけ，圧密の進行にともなって増加する地盤のせん断強さの増加を期待する。時間をかけてゆっくりと盛土を仕上げる。

(2)　河川堤防は，侵食・浸透・地震に対する安全性が求められる。軟弱地盤上での堤防盛土において，締固めが均一で安定した盛土とするため，盛土圧と沈下量の時間的経過を確認し，盛土速度を決定する。

　　載荷重工法は，盛土等を載荷して圧密沈下を促進する工法で，圧密沈下速度は<u>遅い</u>。一方，**バーチカルドレーン工法**は，軟弱地盤中に砂柱又はカードボードを設置して圧密沈下を促進するもので圧密沈下速度は<u>速い</u>。

(4)　**サンドマット工法**（50～120cm厚の敷き砂・砂礫を布設）は，堤防の耐浸透性からみても堤防敷内に設けた場合，漏水の原因となるので注意して施工しなければならない。**表層処理工法**として，敷設材工法（ジオテキスタイル），表層混合処理工法（石灰・セメント），表層排水工法（排水溝）及びサンドマット工法がある。

解答　(2)

重要問題30　河川護岸工

河川護岸の施工に関して，**適当でないもの**はどれか。

(1) 基礎工天端高は，洪水時に洗掘が生じても護岸基礎の浮上りが生じないよう，過去の実績の最深河床高等を評価することにより設定する。

(2) 護岸の上下流端部に設けるすり付け工は，屈とう性がなく，粗度の小さい工種を用いる。

(3) 護岸には，一般に水抜きは設けないが，掘込み河道等で残留水圧が大きくなるような箇所には，必要に応じて水抜きを設ける。

(4) 護岸基礎前面の洗掘を防止するための根固め工の敷設幅は，護岸前面に河床低下が生じてもブロック1列又は2m程度以上の平坦幅が前面に残るように確保する。

解答と解説　河川護岸の施工

(1) **護岸**は，河岸，堤防を被覆して流水による災害から直接保護する。高水時の表法を保護する**高水護岸**と低水路を維持する**低水護岸**がある。

護岸は，**法覆工**，**基礎工**及び**根固め工**から成る。護岸表面は，適当な粗度をもたせ，護岸付近の流速をおさえる。**基礎工の天端高**は，河床洗掘により護岸基礎の浮上りが生じないよう，過去の実績の最深河床高から求めた高さとする。法覆工と基礎工及び基礎工と根固め工は，必ず絶縁する。

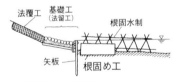

図 2・4　護岸各部の名称

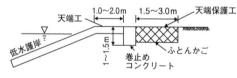

図 2・5　低水護岸の天端工

(2) 在来河岸と新設護岸との間に設ける**すり付け工**は，なじみを持たせ，浸食を防ぐため，屈とう性があり在来河岸より粗度の大きい構造とする。

(3) 堤内の地盤が計画水位より高い**堀込み河道**等，河川水位の変動の大きい箇所，背面からの湧水の多い箇所など，護岸背面の残留水による残留水圧が大きくなる箇所には，水抜きを設ける。

(4) **根固め工**は，護岸基礎の前面の洗掘を防止し基礎の安定を図るもので，河床の変動に対して屈とう性のある構造とする。敷設幅は，河床低下が生じても護岸基礎に影響しない幅とする。

解答 (2)

2・2

河川・砂防工事

関連問題 河川の低水護岸工の施工に関して，**適当でないもの**はどれか。

(1) コンクリートブロックの法覆工では，流水による法覆面の一部の破壊が全体に及ばないように，一般に，堤防の縦断方向に10〜20m間隔で，構造目地を設ける。

(2) 基礎工天端高は，洪水時に洗掘が生じても護岸基礎の浮上りが生じないように，原則として，計画河床高の高さとする。

(3) 護岸工の上・下流の端部は，流水による洗掘の防止対策として，砂礫層以外では一般に鋼矢板又はコンクリート矢板で小口止めを設ける。

(4) 護岸肩部の洗掘防止には，護岸の天端に幅1〜2mの水平折り返し（天端工）を設け，折り返し終端には巻止めコンクリートを設ける。

解説 **低水護岸工の施工**

(2) **基礎工天端高**は，洪水時に洗掘が生じても護岸基礎に浮上がりが生じないよう，過去の実績等を利用して最深河床高を評価して設定する。一般に，計画河床高と現況河床高のうち低い方より0.5〜1.0m程度深くする。

解答 (2)

関連問題 河川護岸前面の根固工に関して，**適当なもの**はどれか。

(1) 流体力に耐える重量，護岸基礎前面の河床の洗掘が生じない敷設量とし，耐久性が大きく河床変化に追随できる屈とう性構造とする。

(2) 敷設天端高は，平均河床高と同じ高さを基本とし，根固工と法覆工との間に間げきを生じる場合には，適当な間詰工を施す。

(3) ブロック重量は，平均流速及び流石などに抵抗できる重さを有する必要があるので，現場付近の河床にある転石類の平均重量以上とする。

(4) 異形コンクリートブロックの乱積みは，河床整正を行って積み上げるので，水深が深くなると層積みと比較して施工は困難になる。

解説 **根固め工の施工**

◯ **根固め工**は，護岸基礎前面の河床の洗掘を防止する。

(2) 現状河床高又は計画河床高以下とする。

(3) 現場付近河床の転石類の最大級の重量以上とする。

(4) 水深が浅い場合は層積み，深い場合は乱積みとする。乱積みの方が施工は容易。

解答 (1)

重要問題31 砂防工事

砂防えん堤の施工に関して，**適当でないもの**はどれか。

(1) 砂防基礎仕上げ面にある大転石の除去は，その2/3以上が地下にもぐっていると予想されるものは，取り除く必要はない。

(2) 重力式コンクリートえん堤の越流部断面の下流法勾配は，1：0.2を標準とするが，流出土砂の粒径が小さく，かつ，その量が少ない場合はこれよりもきつくすることができる。

(3) 水通し断面は，原則として台形とし，水通し幅は，えん堤下流部の洗掘に対処するため，側面侵食による著しい支障を及ぼさない範囲において，できる限り広くする。

(4) 高さ15m以上の砂防えん堤で，基礎岩盤のせん断摩擦安全率が不足する場合は，えん堤の底幅を広くするか，止水壁等を設けて改善する。

解答と解説 砂防えん堤の施工

○ **砂防工事**は，河川における土砂生産の抑制と流送土砂の貯留・調整による災害の防止，河道の安定を図るために行う。

(2) **砂防えん堤（砂防ダム）**の下流法勾配は，越流土砂による損傷を受けないようにする。一般には，1：0.2を標準とするが，流出土砂の粒径が小さく，かつ，その量が少ない場合は，下流法勾配を緩くできる。　**解答**　(2)

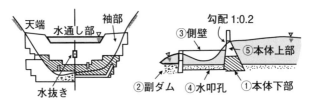

図2・6　砂防ダム施工順序

関連問題 渓流保全工の各構造に関して，**適当なもの**はどれか。

(1) 床固め工は，コンクリートを打ち込むことにより構築される場合が多いが，地すべり地などのように柔軟性の必要なところでは，枠工や蛇かごによる床固め工が設置される。

(2) 帯工は，渓床の固定を図るために設置されるものであり，天端高と計画河床高の差を考慮して落差を設ける。

(3)　護岸工は，渓岸の侵食・崩壊を防止するために設置されるものであ
り，床固め工の袖部を保護する目的では設置しない。

(4)　荒廃渓流に設置される水制工は，水制頭部が流水及び転石の衝撃を受
けるため，堅固な構造とするが，頭部を渓床の中に深くは設置しない。

解説　渓流保全工（流路工）の施工

○　**渓流保全工（流路工）**は，扇状地のような流出土砂の堆積区域で流水によ
る乱流・偏流により土砂の二次生産が盛んに行われる箇所で，河床の縦侵食
を防止して安定を図るため，河川を横断して設ける**床固め工**（落差工，帯
工）と組合せて両岸に**護岸工**を設け，流路を安定させるものである。

　　渓流保全工は，上流での土砂の生産，流出を低減してから行うもので，上
流域の砂防工事の完成を待って施工する。流路工計画区域の上流部には，原
則として貯砂ダム，床固め工が必要である。

(2)　渓床勾配を確保するための帯工には，落差を設けない。(3)　床固め工と一
体として施工する。(4)　水制頭部は，流水・転石の衝撃を強く受けるため，
頭部を渓床の中に入れない。

解答　(1)

関連問題　急傾斜地崩壊防止工に関して，**適当でないもの**はどれか。

(1)　排水工は，崖崩れの主要因となる地表水，地下水の斜面への流入を防
止することにより，斜面自体の安全性を高めることを目的に設けられ，
地表水排除工と地下水排除工に大別される。

(2)　法枠工は，斜面に設置した枠材と枠内部を植生やコンクリート張り工
等で被覆することにより，斜面の風化や侵食の防止，法面の表層崩壊を
抑制することを目的に設けられる。

(3)　落石対策工は，斜面上の転石や浮石の除去・固定，発生した落石を斜
面中部や下部で止めるために設けられ，通常は急傾斜地崩壊防止施設に
付属して接地される場合が多い。

(4)　待受け式コンクリート擁壁工は，斜面上部からの崩壊土砂を斜面下部
で待ち受ける目的に設けられ，ポケット容量が不足する場合は地山を切
土して十分な容量を確保する。

解説　急傾斜地崩壊防止

(4)　**待受け式コンクリート擁壁工**は，斜面崩壊を直接抑止することが困難な場
合，斜面下部（脚部）から離して設置した擁壁で崩壊土砂を待ち受ける工法
である。地山を切土すると斜面がより不安定となる。

解答　(4)

重要問題32 🙆 地すべり対策

地すべり抑制工に関して，**適当でないもの**はどれか。

(1) 横ボーリング工の掘進は，66 mm 以上の孔径で，概ね仰角 5～10 度の勾配とし，目的とする滞水層又はすべり面からさらに 5 m 以上先までの余裕をもった長さを標準とする。

(2) 集水井の深さは，活動中の地すべり地域内では底部を基盤に 2～3 m 程度貫入させ，休眠中の地すべり地域では底部を 2 m 以上地すべり面より浅くする。

(3) 暗渠工の深さは 2 m 程度を標準とし，底には漏水防止のため防水シート等を布設し，暗渠管の周囲並びに上部には土砂の吸出しによる陥没を防止するため吸出防止材を布設する。

(4) 排水トンネル工は，原則として基盤内に設置し，トンネルからの集水ボーリングや集水井との連結などによって地すべり地域内の水を効果的に排水することを目的とする。

解答と解説　地すべり抑制工

(2)　**地すべり対策工**：地形や地下水の自然状態を変化させる**抑制工**と地すべり運動を停止させる**抑止工**がある。**集水井工**（図 2・9）は，地下水の分布が面的に広範囲に賦存している地域内に設ける。深さは，活動中の地すべり地域内では，底部を 2 m 以上地すべり面より浅くし，集水井が破壊されるのを防ぐ。休眠中の地すべり地域では，底部を基盤に 2～3 m 貫入させる。

解答 (2)

関連問題　地すべり防止工に関して，**適当なもの**はどれか。

(1) 深層地下水を排除するために行う横ボーリング工の 1 本当たりの長さは，集水効率を高めるため，原則として 200 m 以上とする。

(2) 活動中の地すべり地域内に設ける集水井の底部の深さは，すべり面より深くし，基盤に 2～3 m 貫入させる。

(3) 抑止杭工の杭の配列は，地すべりの運動方向に対してほぼ並行に等間隔で行う。

(4) 排土工における排土位置は，斜面の安定を図るために，原則として地すべり頭部の土塊とする。

解説 **地すべり防止工**

(1) **横ボーリング**（図2・11）は，暗渠工（埋設深さ2m程度）で排水できない位置に存在する浅層の地下水を排除するもので，すべり面の運動方向に対し直角に5〜10m間隔に，1孔50〜80m程度の長さを施工する。

(2) 活動中の集水井の底部の深さは，地すべり面より2m以上浅くする。

(3) **杭工**は，地すべり斜面に鋼管，コンクリート杭等を挿入し，くさび効果（抑止効果）をすべり面に付加することによって斜面の安定を高める。抑止杭工の杭の配列は，地すべりの運動方向に直角に等間隔とする。

(4) **排土工**（図2・10）は，地すべり頭部の土塊を排除し，地すべりの活動力を低減させる。排土工における排土位置は，原則として地すべり頭部の土塊とする。

(注) **抑制工**：浅層・深層地下排水工，排土工，押え盛土工など。

　　　抑止工：杭工，シャフト工，アンカー工，擁壁工など。

解答 (4)

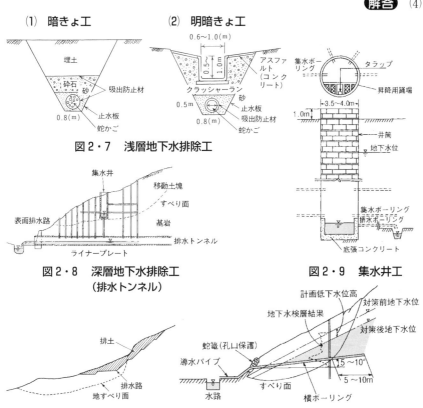

(1) **暗きょ工**　　(2) **明暗きょ工**

図2・7　浅層地下水排除工

図2・8　深層地下水排除工
（排水トンネル）

図2・9　集水井工

図2・10　排土工

図2・11　横ボーリング工

重要問題33 路床・路盤

アスファルト舗装の路床の施工に関して，**適当でないもの**はどれか。

(1) 安定処理工法は，現状路床土の有効利用を目的として CBR が3未満の軟弱土に適用する。

(2) 安定処理材の選定にあたっては，路床が砂質系材料の場合には瀝青材料及びセメントが，粘性土の場合には石灰が有効である。

(3) 安定処理工法による構築路床の施工は，一般に路上混合方式で行い，安定材を散布機械又は人力により均等に散布する。

(4) 安定処理に粉状の生石灰を使用する場合は，1回目の混合が終了後，仮転圧して生石灰の消化（水和反応）をする前に再度混合転圧する。

解答と解説　路床の施工（安定処理工法）

○　**路床**とは，舗装の下，厚さ約1mの部分をいう。原地盤を改良する構築路床は，必要とする CBR と計画高さ，残土処分等を配慮して決める。

$$CBR = \frac{締め固めた土の荷重強さ[MN/m^2]}{標準荷重強さ6.9[MN/m^2]} \times 100 (\%) \cdots\cdots 式（2・1）$$

(4) 路床の安定処理において，粒状の生石灰を用いる場合には，1回目の混合が終了したのち，仮転圧して放置し，生石灰の消化を待って再び混合する。但し，粉状の石灰（粒径：0〜5mm）を使用する場合は1回の混合で済ませてよい。　**解答**　(4)

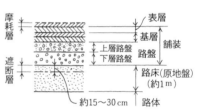

図2・12　アスファルト舗装

関連問題　下層路盤に関して，**適当でないもの**はどれか。

(1) 石灰安定処理工法は，セメント安定処理工法に比べて強度の発現は遅く，長期的にも耐久性，安定性が期待できない。

(2) 下層路盤の築造工法には，粒状路盤工法，セメント安定処理工法及び石灰安定処理工法がある。

(3) 下層路盤材料の修正 CBR や PI が路盤材料の品質規格を満たしていない場合は，補足材やセメント，石灰などを添加し規格を満足させる。

(4) 現地発生材が比較的良質である場合には，セメント又は石灰などを添加して路上混合方式による安定処理を行うと効果的なことが多い。

解説 アスファルト舗装の下層路盤

○　**路盤**は，下層路盤と上層路盤に分けて築造する。**下層路盤**（築造工法：粒状路盤工，セメント安定処理工法，石灰安定処理工法）には比較的支持力の小さい（修正CBR20%以上）安価な材料を，**上層路盤**（築造工法：粒状調整工法，セメント安定処理工法，石灰安定処理工法，瀝青安定処理工法，セメント・瀝青安定処理工法）には支持力の大きい（修正CBR80%以上）良質な材料を用いる。

(1)　下層路盤に用いる**石灰安定処理工法**は，石灰を現地発生材に添加混合する工法である。粘土鉱物と石灰の化学反応によって安定させるもので，強度の発現はセメント安定処理に比べて遅いが，長期的には耐久性及び安定性が期待できる。

　　なお，(3)**修正CBR**とは，路盤材料の強さを表す。

解答 (1)

関連問題 路盤材に関して，**適当でないもの**はどれか。

(1)　粒径の大きな下層路盤材料は，施工管理が難しいので最大粒径は50mm以下とするが，やむを得ないときは1層の仕上り厚さの1/2以下で100mmまで許容してよい。

(2)　下層路盤材料は，一般に施工現場近くで経済的に入手できるものを選択し，粒状路盤工法の品質は修正CBR20％以上，PI 6以下とする。

(3)　粒度調整した骨材は，骨材の75μmふるい通過量が10％以下の場合でも，泥寧化防止のため75μmふるい通過量は締固めが行える範囲でできるだけ多いものがよい。

(4)　上層路盤材料は，ほとんど中央混合方式により製造され，粒度調整工法の場合，その品質は修正CBR80％以上，PI 4以下とする。

解説 アスファルト舗装の路盤材

(3)，(4)　上層路盤に用いる**粒度調整工法**（修正CBR80％以上，塑性指数PI 4以下）は，粒度が良好なため敷均しや締固めが容易である。但し，骨材の75μmふるい通過量が10％以下の場合でも，水を含むと泥寧化する。75μmふるい通過量は，締固めが行える範囲でできるだけ少ないものがよい。

　　なお，(1)，(2)**下層路盤**の材料は，修正CBR20％以上の山砂利などを利用し，425μmふるい通過分の塑性指数PI 6以下，最大粒径50mm以下とする。

解答 (3)

重要問題34 アスファルト舗装

アスファルト舗装の敷均し，締固めに関して，**適当でないもの**はどれか。

(1) アスファルト混合物は，アスファルトフィニッシャにより敷均しを行い，敷均し時の混合物の温度は，110℃を下回らないようにする。

(2) 振動ローラによる混合物の二次転圧では，転圧速度が速すぎると不陸や小波が発生したり，遅すぎると過転圧になったりするおそれがある。

(3) アスファルト混合物の締固め作業は，継目転圧，初転圧，二次転圧及び仕上げ転圧の順序で行う。

(4) 継目位置は，既設舗装の補修・拡幅の場合を除いて，下層の継目の上に上層の継目を重ねるようにする。

解答と解説　加熱アスファルト混合物の敷均し・締固め

○　締固めは，継目転圧→初転圧→二次転圧→仕上げ転圧の順で行う。

(4)　**継目の施工**は，継目との接触面をよく清掃し，タックコートを施工した後，敷均した混合物を締め固め，相互に密着させる。継目位置は，下層の継目の上に上層の継目を重ねないようにする。 **解答** (4)

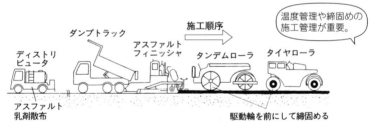

温度管理や締固めの施工管理が重要。

ダンプトラック　アスファルトフィニッシャ　タンデムローラ　タイヤローラ　施工順序

ディストリビュータ

アスファルト乳剤散布　　駆動輪を前にして締固める

図2・13　アスファルト舗装の施工機械編成例

関連問題　加熱アスファルト混合物に関して，**適当なもの**はどれか。

(1) 締固めのローラは，アスファルトフィニッシャ側に駆動輪を向けて，横断勾配の高いほうから低いほうへ向かい，低速かつ等速で転圧する。

(2) 初転圧は，一般に16t～20tのタイヤローラで2回（1往復）程度行う。

(3) 締固め時に混合物を観察すると，ローラの線圧過大，転圧温度の高過ぎ，過転圧などの場合には，不陸や小波が多くみられる。

(4) 仕上げ転圧は，不陸の修正，ローラマークの消去のために行うものであり，タイヤローラあるいはロードローラで2回（1往復）程度行う。

(解説) 加熱アスファルト混合物の施工

(1), (2) **初転圧**は，8～12 t のタンデムローラ・マカダムローラで，アスファルトフィニッシャ側に駆動輪を向けて，道路の横断的に低い側から高い側へ向かい，順次幅寄せしながら低速かつ等速で 2 回（1 往復）程度転圧する。**二次転圧**は，8～12t のタイヤローラ，6～10t の振動ローラで行う。

(3) 線圧（kg/cm）過大等の締固め作業は，ヘアクラックが多くみられる。

(4) **仕上げ転圧**は，不陸の修正，ロードマークの消去のためタイヤローラ又はロードローラで 2 回（1 往復）程度行う。

(解答) (4)

関連問題 道路のアスファルト舗装におけるプライムコート及びタックコートの施工に関して，**適当なもの**はどれか。

(1) プライムコートは，舗設する混合物層とその下層の瀝青安定処理層，中間層，基層との付着及び継目部の付着をよくするために施工する。

(2) プライムコートには，アスファルト乳剤（PK-4）を用いる。散布量は一般に0.4ℓ/m²を標準とし，路盤面が緻密な場合は少なめに，粗な場合は多めに用いられる。

(3) タックコートの寒冷期の施工や急速施工の場合は，瀝青材料散布後の養生時間を短縮するためにアスファルト乳剤を加温して散布する。

(4) タックコートには，アスファルト乳剤（PK-3）を用いる。散布量は一般に1.2ℓ/m²が標準である。

(解説) プライムコート及びタックコート

(1) 記述はタックコートである。**プライムコート**は，路盤とアスファルト混合物とのなじみをよくする。

(2) プライムコートには，アスファルト乳剤（PK-3）を 1～2ℓ/m²の範囲で散布する。路盤面が緻密な場合は少なめに，粗な場合には多めに用いる。

(3) **タックコート**は，舗設する混合物と下層の瀝青材料（基層・表層），セメントコンクリート版との付着及び継目部の付着をよくする。なお，寒冷期の施工では加温（60℃以下）して散布する。

(4) タックコートには，アスファルト乳剤（PK-4），0.4ℓ/m²散布する。

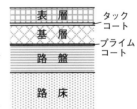

図2・14　プライムコートとタックコート

(解答) (3)

重要問題35　排水性舗装，補修工法

道路の排水性舗装の構造に関して，**適当でないもの**はどれか。

(1) 排水性舗装は，表層又は表層・基層に排水機能層を設け，排水機能層の下の層には雨水が浸透しない不透水性の層を設ける。

(2) 排水性舗装の表面の排水機能層は，専ら透水のために設けるので，舗装構成を評価する等値換算係数を0とする。

(3) 排水機能層を表層に用いる場合に，その厚さは一般的に4〜5cmとする。

(4) 排水性舗装における路側の排水処理工は，排水機能層を浸透した水を受ける構造とする。

解答と解説　排水性舗装

○　**排水性舗装**は，空隙率の高い多孔質なアスファルト混合物を表層・基層（排水機能層）に用い，下層に不透水性の層を設け，路盤以下へは水は浸透しない構造で，路面の雨水を速やかに排除することを目的とする。

(2) 表層用アスファルト混合物として，一般の混合物と同等以上の性状を満たすことを確認した空隙の多い排水性舗装用（**ポーラスアスファルト**）混合物の**等値換算係数**（とうち）（舗装を構成するある層の厚さが，表層・基層用アスファルト混合物の何cmに相当するかを示す値）は <u>1.0</u>（同等，例えば瀝青安定処理は0.80）とみなす。

解答 (2)

関連問題　各種アスファルト舗装の特徴に関して，**適当でないもの**はどれか。

(1) 半たわみ性舗装は，空隙率の大きな開粒度タイプの半たわみ性舗装用アスファルト混合物に，浸透用セメントミルクを浸透させたものである。

(2) グースアスファルト舗装は，グースアスファルト混合物を用いた不透水性やたわみ性等の性能を有し，鋼床版舗装等の橋面舗装に用いられる。

(3) ポーラスアスファルト舗装は，ポーラスアスファルト混合物を表層あるいは表・基層等に用いる舗装で，雨水を路面下に速やかに浸透させる機能を有する。

(4) 保水性舗装は，保水機能を有する表層や表・基層に保水された水分が蒸発する際の気化熱により路面温度の上昇を促進する舗装である。

解説 保水性舗装

(4) **保水性舗装**は，保水機能を有する表層や基層に保水させた水分が蒸発する際の気化熱により路面温度の上昇と蓄熱を抑制する舗装である。

解答 (4)

関連問題 アスファルト舗装の補修工法に関して，**適当なもの**はどれか。

(1) オーバレイ工法においては，リフレクションクラックの発生を遅延させる場合には，クラック抑制シート層や特殊マスチックアスファルトを用いた応力緩和層（SAMI層）の採用などを検討する。

(2) 打換え工法で既設舗装の撤去が2層以上となる場合には，施工性を考慮して，施工継目が重複するように撤去する。

(3) 局部打換え，線状打換え等の工法は，供用後，特に縁端部の沈下が起こりやすい。表層の仕上り面は既設の舗装より3cm程度高くしておく。

(4) ひび割れの程度が大きい場合は，路床，路盤の破損の可能性が高いので，打換え工法よりも表面処理工法を選定する。

解説 アスファルト舗装の補修工法

○ アスファルト舗装の**補修工法**は，構造的に大幅な機能を回復する**構造的破損対策**（修繕）と舗装機能の保持を目的とする**機能的破損対策**（維持）がある。工法の選定は，破壊の程度に応じて行う。

(1) **オーバレイ工法**は，既設舗装上に3cm以上の加熱アスファルト混合物を舗設する工法である。下層の目地，ひび割れが原因で生じる上層部分のひび割れ（**リフレクションクラック**）の抑制・遅延には，オーバーレイ工法に先だってクラック抑制シートや応力緩和層（SAMI）を検討する。

(2) **打換え工法**は，わだち掘れ（縦断方向の凹凸），路面のたわみが大きい場合に，既設舗装の路床，路盤，基層，表層を打ち換えるもので，2層以上の施工を行う場合には，施工継目の重複は避ける。

(3) **局部打換え，線状打換え工法**は，局部的に著しく破損したもの，線状に発生したひび割れに対応して打ち換える工法である。供用後，縁端部の沈下が起こりやすく，表層の仕上り面を既設の舗装より0.5cm程度高くする。

(4) ひび割れの程度が大きい場合は，路床，路盤の破損の可能性が高いので，**表面処理工法**（既設舗装の上にアスファルト系の材料や樹脂系の材料で薄い封かん層を設ける工法）より打換え工法を選定する。

解答 (1)

重要問題36 **コンクリート舗装**

> コンクリート舗装の普通コンクリート版に関して，**適当なもの**はどれか。
> (1)　横収縮目地の間隔は，鉄網及び縁部補強鉄筋を用い，15 m とする。
> (2)　舗装厚が 25 cm の場合の鉄網の布設位置は，版厚の中央とする。
> (3)　コンクリートの敷均し時の余盛り厚さは，横断勾配にかかわらず，一定とする。
> (4)　1 枚の鉄網の長さは，重ね合せる幅を 20 cm 程度とし，目地間隔の間に収まるようにする。

解答と解説 セメントコンクリート版

○　**コンクリート舗装**は，**コンクリート版**（普通コンクリート版，連続鉄筋コンクリート版，転圧コンクリート版）を表層とする剛性舗装をいう。コンクリート版の施工は，路盤の施工後，アスファルト中間層の施工→型枠設置→コンクリート打設・鉄網・縁部補強鉄筋の施工→コンクリート打設→コンクリート仕上げ→目地の施工→養生となる。

(1)　横収縮目地の間隔は，鉄筋及び縁部補強鉄筋を用いる場合，<u>版厚25 cm 未満で 8 m，25 cm 以上で10 m</u> が標準である。
(2)　鉄網，縁部補強鉄筋は，下層コンクリートを敷き均した後，コンクリート版の上面から <u>1 / 3 の深さ</u>に設ける。なお，15 cm の場合は版厚の中央とする。
(3)　余盛り高の目標値は，横断勾配の高い方で締固め厚の15〜20 %程度，低い方で 0 である。横断勾配の高い方に余盛りを多くしておく。
(4)　鉄網の大きさは，コンクリート版縁部より10 cm 程度狭くする。1 枚の鉄網の長さは，重合せ幅 20 cm 程度とし，目地間隔に収まるように決める。

解答 (4)

関連問題 コンクリート舗装道路に関して，**適当なもの**はどれか。

(1)　コンクリートの敷均しは，スプレッダを用いて，全体ができるだけ均等な密度になるよう余盛りをつけて行う。
(2)　鉄網を用いた普通コンクリート版をセットフォーム工法で施工する場合，敷均し及び締固めは 1 層で行うこととする。
(3)　コンクリート舗装版の表面仕上げは，平坦仕上げ，荒仕上げ，粗面仕上げの順に行い，粗面に仕上げる。
(4)　コンクリート版に使用する鉄網の埋込み深さは，コンクリート版下面から版厚の 1 / 3 の位置とする。

解説 コンクリート版の舗設

(1) コンクリートの敷均しは，**スプレッダ**を用いて，全体ができるだけ均等な密度になるように適切な余盛りをつけて行う。

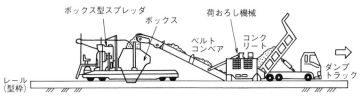

図2・15　スプレッダ

(2) **セットフォーム工法**は，下層コンクリート敷均し後，鉄網・縁部補強鉄筋を設置し，上層コンクリート敷均し2層で締め固める。**スリップフォーム工法**は，敷均し，締固め及び平坦仕上げを舗設機械1台で施工する工法。型枠の設置をしないでコンクリート版の連続舗設ができる。

(3) 舗装版は，荒仕上げ，平坦仕上げ，粗面仕上げの順で行う。

(4) 鉄網は，コンクリート版の上面から1/3の深さを目標に設置する。

解答 (1)

関連問題 コンクリート舗装の補修工法に関して，**適当でないもの**はどれか。

(1) グルーピング工法は，雨天時のハイドロプレーニング（水膜）現象の抑制やすべり抵抗性の改善等を目的として実施される工法である。

(2) バーステッチ工法は，既設コンクリート版に発生したひび割れ部に，ひび割れと直角の方向に切り込んだカッタ溝に目地材を充填して両側の版を連結させる工法である。

(3) 表面処理工法は，コンクリート版表面に薄層の舗装を施工して，車両の走行性，すべり抵抗性や版の防水性等を回復させる工法である。

(4) パッチング工法は，コンクリート版に生じた欠損箇所や段差等に材料を充填して，路面の平坦性等を応急的に回復させる工法である。

解説 コンクリート舗装の補修工法

(2) **バーステッチ工法**は，カッタ溝に異形棒鋼，フラットバー等の鋼材を埋設して，ひび割れをはさんだ両側の版を連結する。埋め戻しには，高強度のモルタル，樹脂モルタルを用いる。

解答 (2)

重要問題37 重力式コンクリートダム

コンクリートダムの施工に関して，**適当なもの**はどれか。

(1) 面状工法は，柱状ブロック工法に比較して高リフトで大区画を対象に，大量のコンクリートを一度に打設するものである。

(2) RCD工法は，大量のコンクリートを打設するため，一般に，パイプクーリングなどによるコンクリート打設後の温度制御が必要である。

(3) 面状工法のコンクリート打設は，コンクリートの養生，グリーンカット，型枠スライド等を考慮し，施工中の堤体を横断方向（ダム軸に直角方向）に，3打設区画以上に分割し，分割した区画内を一度に行う。

(4) 拡張レヤー工法は，超硬練りコンクリートを，ブルドーザで薄層に敷き均し，振動ローラで締め固めるものである。

解答と解説 コンクリートダムの施工

○ 横継目と縦継目で分割する**柱状ブロック工法**，横継目のみの**レヤー工法**，複数ブロックを一度に打設する**拡張レヤー工法**（面状工法）がある。面状工法は，ダンプトラックで有スランプのコンクリートを運搬・敷き均し，締め固める。広いブロックを一度に効率良く安全に施工できる。

$$\boxed{打設工法}\begin{cases} 柱状工法 — ブロック方式，レヤー方式 \\ 面状工法 — 拡張レヤー方式，RCD工法 \end{cases}$$

(1) **面状工法**（拡張レヤー工法）のRCD工法では1リフト高0.75mである。柱状ブロック工法は<u>1.5m</u>を標準とする。数ブロックを一度に大量のコンクリートを打設する。

(2) **RCD工法**は，スランプゼロのセメント量の少ない超硬練りのコンクリートを用いるもので，リフト高を薄くし水和熱を低下させ，打設前のコンクリート温度を下げるプレクーリング等により，コンクリートのひび割れを防いでいる（合理化施工）。貧配合のコンクリートのため<u>パイプクーリングを用いることはない</u>。なお，横目地は振動目地切り機によりコンクリート打設後に造成する。

(3) 面状工法のコンクリート打設は，打込み間隔を3日（中2日）とし，3打設区画以上に分割し，分割した区画内を一度に行う。

(4) **拡張レヤー工法**は，単位セメント量の少ない<u>有スランプコンクリート</u>をダ

ンプトラックで運搬し，ホイールローダ等で敷き均し内部振動機で締め固める。

解答 (3)

関連問題 ダムの拡張レヤー工法の施工に関して，**適当なもの**はどれか。

(1) 1リフトの高さは，2〜3mを標準とする。

(2) 温度規制対策は，プレクーリングを基本とする。

(3) 横継目の間隔は，30mを標準とする。

(4) コンクリートの締固めは，振動ローラにより行う。

解説 **重力式ダムの拡張レヤー工法の施工**

(1) 1リフト（コンクリート1回分の高さ）は，1.5mを標準とする。

(2) 温度規制対策は，プレクーリングを基本とする。

(3) 横継目の間隔は，15mを標準とする。

(4) コンクリートの打込み・締固めは一層75cmとし，内部振動機により行う。1リフト1.5mの場合は下層締め固め後，上層を締め固める2層打設とする。

解答 (2)

関連問題 ダムにおけるRCD用コンクリートの打込みに関して，**適当でないもの**はどれか。

(1) RCD用コンクリートは，ブルドーザにより薄層に敷き均されるが，1層当たりの敷均し厚さは，振動ローラで締め固めた後に25cm程度となるように27cm程度にしている例が多い。

(2) 練混ぜから締固めまでの許容時間は，ダムコンクリートの材料や配合，気温や湿度等によって異なるが，夏季では3時間程度，冬季では4時間程度を標準とする。

(3) 横継目は，貯水池からの漏水経路となるため，横継目の上流端付近には主副2枚の止水版を設置しなければならない。

(4) RCD用コンクリート敷均し後，振動目地切機により横継目を設置するが，その間隔はダム軸方向で30mを標準とする。

解説 **RCD用コンクリートの打込み**

(4) **RCD工法**では，縦継目は設けず，横目地はダム軸方向間隔15mを標準として，コンクリート敷均し後，振動目地切機によって設置する。 **解答** (4)

重要問題38 ダム建設のグラウト工

ダム建設におけるグラウチングに関して，**適当でないもの**はどれか。

(1) アーチ式コンクリートダムは，堤体幅が狭く基礎地盤に作用する応力が大きいため，ブランケットグラウチングを堤敷全体に施工する。

(2) グラウチングは，セメントミルクの濃度の薄いものから開始し，順次濃度の濃いものに切り替えて行う。

(3) グラウチングの水押し試験は，グラウチングによる遮水性の改良状況の把握やグラウトの初期濃度の決定のため行う。

(4) カーテングラウチングは，ダムの基礎地盤及びリム部の地盤において，浸透路長が短い部分と貯水池外への水みちとなるおそれのある高透水部の遮水性を改良する目的で施工する。

解答と解説　グラウチングの施工

(1) 基礎岩盤の変形や緩み，節理・割れ目等の改良には，<u>コンソリデーショングラウチングが用いられる</u>。なお，**ブランケットグラウチング**は，フィルダムの岩盤部付近の遮水性の改良を図り，パイピングを防止する。

(2) グラウチングは，ダム基礎岩盤の構造的一体化と貯水池からの漏水防止のため施工する。グラウチングは，セメントミルクの濃度の低いものから，順次濃度を高め，注入圧も順次高めながら注入する。

(3) **水押し試験**は，岩盤内の緩み・節理・割れ目等の大きさ・深さ（**ルジオン値**：地盤が高い水圧の作用下にあるときの水の通しやすさを示す指数）を確認把握し，セメントミルクの初期濃度の決定のため行う。

(4) **カーテングラウチング**は，貯水が基礎岩盤内に浸透するのを抑制する。

解答 (1)

関連問題 ダムのグラウチングに関して，**適当なもの**はどれか。

(1) 重力式コンクリートダムの遮水性の改良を目的としたコンソリデーショングラウチングは，堤敷全面にわたり行う。

(2) カーテングラウチングの注入方式は，パッカー方式を標準とする。

(3) 弱部の補強を目的とするコンソリデーショングラウチングの改良効果は，ルジオン値又は単位セメント注入量によって判定する。

(4) グラウチングの施工中は，グラウチングの作業状況や作業工程について管理を行うが，グラウチング計画の見直しは省略できる。

解説 ダムのグラウチング

(1) 遮水性の改良には，<u>カーテングラウチング</u>が行われる。**コンソリデーショングラウト**は，基礎岩盤の変形や強度の改良を行う。

(2) カーテングラウチングの注入には，基礎面から下位に向かって，削孔と注入を交互に行いながらグラウトする<u>ステージ注入方式</u>を採用する。パッカー注入方式は最終深度まで削孔した後に，下から上に向けて注入する。

(3) 補強グラウトの改良効果は，ルジオン値とセメント量で判定し評価する。

(4) 施工状況を見ながら，追加孔，孔の深度，ミルク濃度の切替など当初計画の<u>見直しをする</u>。

解答 (3)

関連問題 フィルダムの施工に関して，**適当でないもの**はどれか。

(1) 遮水ゾーンの盛立面に遮水材料をダンプトラックで撒き出すときは，できるだけフィルタゾーンを走行させるとともに，遮水ゾーンは最小限の距離しか走行させないようにする。

(2) フィルダムの基礎掘削は，遮水ゾーンと透水ゾーン及び半透水ゾーンとでは要求される条件が異なり，遮水ゾーンの基礎の掘削は所要のせん断強度が得られるまで掘削する。

(3) フィルダムの遮水性材料の転圧用機械は，従来はタンピングローラを採用することが多かったが，近年は振動ローラを採用することが多い。

(4) 遮水ゾーンを盛り立てる際のブルドーザによる敷均しは，できるだけダム軸方向に行うとともに，均等な厚さに仕上げる。

解説 フィルダムの施工

○ **フィルダム**（アースダム，ロックフィルダム）は，基礎地盤の制約が少なく，現地材料の特性に合ったダムを作ることができる。大型機械による大規模土工が中心となる。

(2) 基礎掘削は，**遮水ゾーン**では十分な遮水性が期待できるまで岩盤を掘削し，**透水ゾーン**では所定のせん断強度が得られるまで地山の緩んだ部分を取り除く程度の掘削を行う。

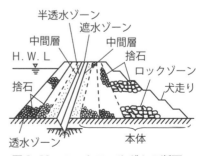

図2・16　ロックフィルダムの断面

解答 (2)

重要問題39 山岳トンネル

山岳トンネルの施工に関して，**適当でないもの**はどれか。

(1) 発破掘削は，主に硬岩から中硬岩の地山に適用され，機械掘削は主に中硬岩から軟岩及び土砂地山に適用される。

(2) TBM（トンネルボーリングマシン）は，掘進時にローリングが発生すると，施工能率の低下やベルトコンベヤの作動に支障を生じさせる。

(3) ベンチカット工法は，一般に，切羽や地山条件に左右されないので，施工性を考慮してベンチの長さをできるだけ長くとることを原則とする。

(4) 自由断面掘削方式の機械掘削は，軟岩や土砂地山に適用されるが，近年，周辺環境上の制約から，中硬岩から硬岩の地山にも適用される。

解答と解説　山岳トンネルの施工

(3) **ベンチカット工法**（階段式掘削）は，トンネル全断面では掘削できないが半断面で切羽が保てる場合，上部半断面，下部半断面に 2 分割して掘進する工法。上半と下半との長さ（**ベンチ長**）によって，ロングベンチ，ショートベンチ等に分けられる。**ロングベンチ**は，地山が安定していて，断面閉合の時間的制約がなく，ベンチ長を自由にできる場合に用いる。**ショートベンチ**は，比較的広範囲の地山条件に適用可能で，周辺地山の安定のためベンチの長さを短くする。状況に応じて使い分ける。

なお，(2)TBM 本体は，前後（ローリング），左右（ピッチング），上下（ヨーイング）の回転の動きがある。

解答 (3)

関連問題　山岳工法のトンネル施工に関して，**適当なもの**はどれか。

(1) 都市部山岳工法のトンネル工事においては，切羽通過前に地表面沈下や近接構造物の挙動等を把握し，その後の最終変位を予測する。

(2) 鏡面の安定対策としては，一般に，長尺フォアパイリング工法，パイプルーフ工法を適用する。

(3) 注入式フォアポーリング工法は，天端の簡易な安定対策としては比較的信頼性が低く，施工実績が少ない。

(4) 山岳工法によるトンネルの施工では，掘削後，地山の変形が収束する前に覆工を施工する。

解説　山岳工法のトンネル施工

(1)　シールドトンネルに対する都市部の山岳工法のトンネル工事においては，地表面沈下，近接構造物の挙動・損傷状態，周辺の地下水等の把握及び予測が重要である。**山岳トンネル**は，シールド工法に対する言葉を示す。

(2)　鏡面の安全対策としては，鏡面への**吹付けコンクリートやロックボルト**等がある。**長尺フォアパイリング工法**，**パイプルーフ工法**は，鏡面の安定，切羽天端の肌落ち防止のため，トンネル地山を補強する先受け工法である。

(3)　**注入式フォアポーリング**は，ボルトやパイプ等の打設，セメントミルクや薬液等の圧入・注入等により，前面地山天端部の安定性を高める工法である。天端の安定対策として比較的信頼性が高く，施工実績も多い。

(4)　**覆工**には，内空変位が収束したことを確認した後に施工する。なお，膨張性地山の場合，早期に覆工を施工する場合がある。

解答　(1)

関連問題　NATM工法における切羽安定対策に用いられる補助工法に関して，**適当でないもの**はどれか。

(1)　天端部の安定を図る注入式フォアポーリングは，ボルト打設と同時に超急結性のセメントミルク等を圧力注入する工法であるが，切羽状況に応じた打設本数や注入量・注入圧の設定が難しい。

(2)　湧水を抑制するために用いる注入工法を坑内から行う場合は，注入を完全にするため，バルクヘッドの施工，仮巻きなどを行い，地山の破壊と注入材の逸出防止に努める。

(3)　鏡面の安定対策としての吹付けコンクリートは，掘削直後に施工することで初期の崩壊防止と鏡面の拘束により鏡面の安定性を向上させる。

(4)　上部半断面先進工法における支保工脚部の安定対策工法として行う吹付けコンクリートによる上半仮インバートは，計測結果及び切羽の状況の程度に応じて施工できる利点がある。

解説　NATM工法の補助工法

(1)　**NATM工法**は，吹付けコンクリート，ロックボルト等でトンネル地山に弾力性を持たせ，ショートベンチ工法等で掘削する。注入式フォアポーリングは，ボルト・パイプの打設，セメントミルク等の圧入・注入により，地山天端の安定性を高める工法で，切羽状況に応じた設定が可能である。

解答　(1)

重要問題40 トンネルの支保工・覆工

トンネルの支保工に関して，**適当でないもの**はどれか。

(1) 鋼製支保工の建込みは，所要の巻厚を確保するために，建込み誤差等を考慮した上げ越しや広げ越しをしておく必要がある。

(2) 湿式の吹付けコンクリートは，セメント，骨材及び水を練り混ぜたコンクリートを圧縮空気で圧送する方法で，乾式に比べ，コンクリートの品質管理は容易であるが，長距離の圧送に不適である。

(3) ロックボルトの全面定着方式で，定着材としてセメントモルタルを用いる場合の圧送ポンプは，練混ぜ用モルタルミキサーと一体化したものが施工性がよい。

(4) 地山条件の悪い場合の支保工の施工順序は，一次吹付けコンクリート，ロックボルト，二次吹付けコンクリート，鋼製支保工の順である。

解答と解説　トンネルの支保工

○　**支保工**には，**鋼製支保工，吹付けコンクリート，ロックボルト**がある。

(1) **鋼製支保工**は，掘削後，一次吹付けコンクリート施工後速やかに建て込む。建込みにあたっては，所要の巻厚を確保するため建込み誤差等を考慮した上げ越しや広げ越しをしておく。

(2) **吹付けコンクリート**には，コンクリートの練混ぜ・圧送方式により，乾式と湿式がある。湿式は，セメント・骨材・水を練り混ぜたコンクリートを圧送し，ノズル部で急結剤を加えて吹き付ける。乾式に比べ長距離の圧送は不適である。吹付けノズルを平滑に仕上げられた吹付け面に直角に吹付ける。

(4) 地山条件が良好な場合の支保工の施工順序は，①吹付けコンクリート，②ロックボルトの順。地山条件の悪い場合，①一次吹付けコンクリート，②鋼製支保工，③二次吹付けコンクリート，④ロックボルトの順である。

解答 (4)

関連問題　トンネルの覆工に関して，**適当でないもの**はどれか。

(1) インバートコンクリートは，膨張性地山や地山強度の小さい場合には上半切羽からインバートコンクリートの施工位置までの距離を長くとり施工する。

(2) 覆工の打設順序は，掘削工法等を考慮して決めるが，覆工の方法は，通常，掘削完了後に全断面打設で行うのが一般的である。

⑶　コンクリートの打設は，型わくに偏圧がかからないよう左右対称に，できるだけ水平にコンクリートを連続して打ち込まなければならない。

⑷　組立式型わくは，坑口部の施工など地山の安定対策上，覆工の早期打設が必要な場合等に用いられ，通常は移動式型わくが用いられる。

解説　トンネルの覆工

⑴　**覆工コンクリート**は，地山との一体化を図るため，原則として地山の変位の収束後にコンクリートを打設する。**インバート（底打）コンクリート**は，膨張性地山や地山強度が小さい場合に上部切羽からインバートコンクリート施工位置までの距離を短くし，早期に全断面を閉合して周辺地山の緩みを最小限に止める。

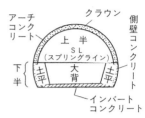

図2・17　切羽部の名称

　なお，⑵**側壁導坑先進工法**では，側壁コンクリートを先行して打設し，その後全断面のコンクリートを打設する。

解答　⑴

関連問題　トンネルの覆工の施工に関して，**適当でないもの**はどれか。

⑴　覆工コンクリートの型枠面は，コンクリート打込み前に，清掃を念入りに行うとともに，適切なはく離剤を適量塗布する。

⑵　覆工コンクリートの打込みは，原則として内空変位の収束前に行うことから，覆工の施工時期を判断するために変位計測の結果を利用する。

⑶　覆工コンクリートの締固めは，内部振動機を用いることを原則として，コンクリートの材料分離を引き起こさないように，振動時間の設定には注意する。

⑷　覆工コンクリートの養生は，坑内換気やトンネル貫通後の外気の影響について注意し，一定期間において，コンクリートを適当な温度及び湿度に保つ。

解説　地山とトンネルの挙動

⑵　**内空変位測定**は，トンネルの変形状態を調べるために内空寸法を測定するもので，周辺地山の挙動，支保の変形モード等を把握し，施工の安全性，支保の妥当性の確認，二次覆工打設時期の検討のため行う。コンクリートの打込みは，内空変位の収束後に行う。

解答　⑵

重要問題41 　海岸堤防

表法勾配が3割より緩い盛土を伴う緩傾斜の海岸堤防の施工に関して，**適当でないもの**はどれか。

(1)　堤体盛土は，十分締め固めても収縮及び圧密によって沈下するので，天端高，堤体土質，基礎地盤の良否などを考慮して必要な余盛りを行う。

(2)　コンクリートブロック張の表法被覆工の法尻部の施工が陸上でできる場合は，ブロックの先端を同一勾配で地盤に入れ込むことが望ましい。

(3)　表法護岸の裏込め工は，一般に50cm以上の厚さとし，裏込め材を2層に分ける場合の粒径は，盛土面に接する部分は大きくし，その上層のブロックに接する部分は小さなものとする。

(4)　現場打ちコンクリート被覆工の階段式の施工においては，途中に施工ジョイントをつくらないように，特に注意しなければならない。

解答と解説　緩傾斜の海岸堤防の施工

○　**緩傾斜堤**（勾配1：3以下）は，堤防護岸の法勾配を緩くし，波の打上げ高・反射波の低減や堤体前面の洗掘の軽減等，海岸保全機能の向上を図る。

(3)　**裏込め工**は，栗石，雑石，砕石又はふとん籠などの裏込め材料で50cm以上の厚さとし，吸出しを防止するため，上層から下層へ粒径を徐々に小さくしてかみ合せをよくする。

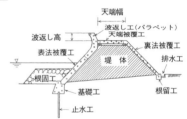

図2・18　海岸堤防各部の名称

解答　(3)

関連問題　海岸堤防の根固め工の施工に関して，**適当なもの**はどれか。

(1)　根固め工は，通常，表法被覆工又は基礎工の前面に設けられるもので，基礎工や被覆工と連結し一体とする。

(2)　異形コンクリートブロック根固め工の施工は，ブロックの適度のかみ合わせ効果を期待し，天端幅は最小限2個並び，層は最小1層とする。

(3)　捨石根固め工は，外側に大きい石が配置され，内部に向かって次第に小さい石が配置されるように，石を捨て込む。

(4)　根固め工の設置目的は，波の打上げ高，越波量及び強大な衝撃波圧を減ずることである。

解説 海岸堤防の根固め工の施工

(1) **根固め工**は，表法被覆工，基礎工の前面に設け，基礎の洗掘を防止する。根固め工は，表法被覆工，基礎工と<u>絶縁し，一体としてはならない</u>。

(2) 天端幅や最小2個並び，<u>層は最小2層</u>とする。

(3) 捨石根固め工は，表層に大きい石を，内部に向かって小さい石とする。

(4) **根固め工**の設置目的は，波力による<u>基礎の洗掘防止</u>である。**消波工**は，波の打上げ高，越波量及び衝撃波圧の減ずる目的で設置する。

解答 (3)

関連問題 離岸堤の施工に関して，**適当なもの**はどれか。

(1) 沿岸漂砂の卓越方向が一定せず，また，岸沖漂砂の移動が大きいと思われるところでは，突堤工法よりも離岸堤工法を採用すべきである。

(2) 前浜が完全に侵食された海岸や漂砂源が枯渇した海岸では，前浜の復元を図るために離岸堤を設置することが有効である。

(3) 汀線が後退しつつあるところに護岸と離岸堤を新設するときは，離岸堤を施工する前に護岸を設置する。

(4) 開口部あるいは堤端部は，施工後の波浪によって洗掘されることが少ないので，一般に離岸堤の1基分は分割して施工する。

解説 浸食対策工（離岸堤の施工）

(1) **離岸堤**は，消波・波高減衰及び浸食防止・海浜の造成の目的で，汀線前面に平行に設置する。漂砂の卓越方向が定まらず，移動が大きい所では，**突堤**（海岸線から沖側に突き出した堤体）よりも離岸堤を採用する。突堤・離岸

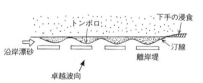

図2・19　離岸堤とトンボロ

堤等の海岸保全施設設置後，人工的に砂を投入し（**養浜**），砂浜の回復を行う。

(2) 前浜が完全に侵食された海岸，漂砂源が枯渇した海岸では，離岸堤による前浜の<u>復元は困難</u>である。

(3) 護岸と離岸堤を新設する場合には，護岸を設置する前に<u>離岸堤を設置</u>する。離岸堤の施工順序は，浸食区域の下手側から着手し，順次上手側に及ぶのを原則とする。

(4) 離岸堤の開口部，堤端部は，施工後の波浪によって洗掘されることが多いので，計画1基分は<u>まとめて</u>施工する。

解答 (1)

重要問題42 防波堤・係船岸及び浚渫工事

港湾の防波堤の施工に関して，**適当でないもの**はどれか。

(1) 基礎地盤が岩盤でない場所では，直立堤は基礎が洗掘されやすいので，根固め工を十分に施工する。

(2) コンクリートブロック直立堤では，収縮や不同沈下によるき裂を防ぐため1ブロックを15〜20mとする。

(3) ケーソン式の直立堤は，本体製作をドライワークで行うことができ，施工が確実であるが，荒天日数の多い場所では海上施工日数に著しい制限を受ける。

(4) 直立堤の上部コンクリートは，堤体との一体性を考慮するものとし，法線方向については10〜20mの間隔に継目を設けるものとする。

解答と解説　港湾の防波堤の施工

(1) **直立堤**は，前面が鉛直である壁体を海底に据え，波を反射させるもので，**傾斜堤**に比べて波の影響を受け易いので基礎が洗掘されやすく，根固め工を十分に施工する。

(2) **コンクリートブロック式直立堤**は，施工が確実で容易であるが，収縮や不同沈下によるき裂を防ぐため1ブロックを 5〜10m とする。

(4) 直立堤の上部コンクリートは，堤体との一体化を図り，法線方向に10〜20m間隔に継目を設ける。

解答 (2)

関連問題　港湾の矢板式係船岸に関して，**適当でないもの**はどれか。

(1) 裏込め，裏埋めの施工は，タイロッド等の取付け後，上部工打設前に行い，タイロッド等に損傷を与えないように慎重に行う。

(2) タイ材の取付け位置は，タイ材取付け施工の難易，工費などを考慮して決定するが，一般にL.W.L.より上で潮差の2/3程度の高さとする。

(3) リングジョイントの取付け位置は，矢板及び控え工から遠くに設ける。

(4) 上部コンクリート及びエプロンの舗装は，裏込め，裏埋めが完了し，地盤が安定して矢板の変位が完了した段階で行う。

解説　矢板式係船岸の施工

(3) **矢板式係船岸**は，矢板の根入れとタイロッド等による控え工により土圧に

耐えるもので，施工速度が早く工費も安いが，衝撃に弱く，腐食防止が必要である。タイロッドは，長さを調整できるように**ターンバックル**を設ける。また，埋立後の地盤沈下による曲げ応力が生じないように**リングジョイント**を設ける。タイロッドのリングジョイ

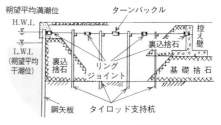

図2・20　矢板式岸壁

ントは，曲げ応力の最も大きい矢板及び控え工のできるだけ近くに設ける。

解答　(3)

関連問題　浚渫船に関して，**適当なもの**はどれか。

(1)　非航式グラブ浚渫船は，中規模の浚渫に適しているが，適用範囲は狭く，岸壁など構造物の前面や狭い場所の浚渫には適さない。

(2)　ディッパ浚渫船は，比較的軟らかな地盤の浚渫に適する。

(3)　バケット浚渫船は，浚渫作業船のうち，比較的能力が小さく，小規模の浚渫に適する。

(4)　カッター付非航式ポンプ浚渫船は，軟らかい地盤から硬い地盤に至る広範囲の浚渫が可能である。

解説　浚渫船

(1)　**非航式グラブ浚渫船**は，中規模の浚渫（浚渫能力 $200 \sim 600 \, \mathrm{m^3/h}$），浚渫深度・土質の制限も少なく，岸壁や構造物前面や狭い場所に適している。

(2)　**ディッパ浚渫船**は，パワーショベルにより固い地盤の浚渫に適する。

(3)　**バケット浚渫船**は，多数のバケットにより土砂を連続的にすくい上げる。浚渫能力（$300 \sim 800 \, \mathrm{m^3/h}$）は大きく，大規模で広範囲の浚渫に適している。

(4)　**カッタ付非航式ポンプ浚渫船**は，排砂管路を利用しての遠距離へ排送するもので，浚渫能力 $600 \sim 1,500 \, \mathrm{m^3/h}$ で大量の浚渫・埋立てに使用される。

表2・2　浚渫船

```
            ┌ ポンプ船 ┬ ドラグサクション（自航式）
            │          └ ポンプ船（非航式）
浚渫船 ┤ グラブ船（非航式，自航式）
            ├ ディッパ船（非航式）
            └ バケット船（非航式）
```

図2・21　バケット浚渫船

解答　(4)

重要問題43 鉄道路盤

鉄道工事における路盤に関して，**適当でないもの**はどれか。

(1) 路盤は，軌道に対して適当な弾性を与えるとともに路床の軟弱化防止，路床への荷重を分散伝達し，排水勾配を設けることにより道床内の水を速やかに排除するなどの機能を有する。

(2) 土路盤は，良質な自然土とクラッシャランの複層で構成する路盤であり，一般に強化路盤に比べて工事費が安価である。

(3) 路盤には土路盤，強化路盤があるが，いずれを用いるかは，線区の重要度，経済性，保守体制などを勘案して決定する。

(4) 強化路盤は，道路，空港などの舗装に既に広く用いられているアスファルトコンクリート，粒度調整材料などを使用しており，繰返し荷重に対する耐久性に優れている。

解答と解説　路盤の構造

○　レール，まくら木，バラストで構成する**有道床軌道**に対して，保守労力を低減した**スラブ軌道**（鉄筋コンクリートスラブ上にレール，まくら木を固定した軌道）を**省力化軌道**という。

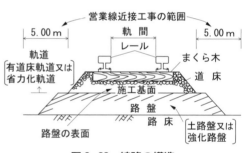

図2・22　線路の構造

(2) **路盤**は，省力化軌道にコンクリート路盤，アスファルト路盤が，**有道床軌道**に強化路盤，土路盤が用いられる。**強化路盤**には砕石を砕き，人工的に粒度を調整した粒度調整砕石又は高炉スラブが，**土路盤**には良質な自然土又はクラッシャラン（砕石を割り放ったままの砕石）の単一層が用いられる。

表2・3　路盤の種類

軌道の種類	路盤の種類	説　明
省力化軌道	コンクリート路盤	スラブ軌道を支持
	省力化軌道用アスファルト路盤（アスファルト路盤）	短い軌道やまくら木直接支持
有道床軌道	有道床軌道用アスファルト路盤（強化路盤(注)）	重要度の高い線区に使用
	砕石路盤（土路盤(注)）	一般的な線区に使用

（注）旧名称

解答 (2)

関連問題 土路盤の施工に関して，**適当なもの**はどれか。

(1)　路盤材は，路盤噴泥を生じにくく振動や流水に対して安定していることを考慮して，クラッシャラン以外のものを用いてはならない。

(2)　敷き均した路盤材は，数日間放置して安定させ，なじませた後に排水勾配をつけ，平滑に締め固めなければならない。

(3)　路盤は，不陸がないように仕上げ，3％程度の横断排水勾配をつける。

(4)　構造物の取付け部や路肩付近での施工は，路盤材の敷均しに十分注意し，転圧は大型機械を用い，一気に締め固めなければならない。

解説 土路盤の施工

(1)　路盤材には，良質な自然土又はクラッシャランの単一層で構成する。

(2)　敷均した路盤材は，敷均した日のうちに排水勾配をつけ，締め固める。

(4)　路盤材の巻き出しや敷均しに注意し，転圧は小型機械で入念に締め固める。

解答 (3)

関連問題 鉄道の軌道の維持管理に関して，**適当でないもの**はどれか。

(1)　軌道狂いは，軌道が列車荷重の繰返し荷重を受けて次第に変形し，車両走行面の不整が生ずるものであり，在来線では軌間，水準，高低，通り，平面性，複合の種類がある。

(2)　道床バラストは，材質が強固でねばりがあり，摩損や風化に対して強く，適当な粒形と粒度を持つ材料を用いる。

(3)　軌道狂いを整正する作業として，有道床軌道において最も多く用いられる作業は，マルチプルタイタンパによる道床つき固め作業である。

(4)　ロングレール敷設区間では，冬季の低温時でのレール張出し，夏季の高温時でのレールの曲線内方への移動防止などのため保守作業が制限されている。

解説 軌道の維持管理

(4)　**ロングレール**は，締結装置と枕木を介して道床に拘束されている。温度上昇・下降による自由伸縮ができない。夏季の高温時でのレール張出し，冬季の低温時のレールの曲線内への移動防止のため，レール締結装置をゆるめる等の保守作業を制限する。マルチプルタイタンパ：突き固め用大型保守機械。

解答 (4)

重要問題44 営業線近接工事

　鉄道（在来線）の営業線及びこれに近接して工事を施工する場合の保安対策に関して，**適当でないもの**はどれか。

(1)　き電停止の手続きは，停電工事責任者が行い，使用間合，時間，作業範囲，競合作業等について，あらかじめ監督員等と十分打合せを行う。

(2)　工事管理者等は作業現場ごとに，日々の工事内容等について保安打合せ票を作成し，監督員等と打合せ，保安打合せ票を監督員等に提出する。

(3)　使用していない工事用重機械等は，列車の運転保安及び旅客公衆に対し，安全な場所に留置して鎖錠し，鍵は重機械運転者が保管する。

(4)　列車の振動，風圧等によって，不安定，危険な状態になるおそれのある工事は，列車の接近時から通過時までの間，一時施工を中止する。

解答と解説　営業線近接工事

○　**営業線近接工事**は，営業線及びこれに近接して施工する工事で，列車運転に支障を及ぼさないよう保安対策を立てて行う工事をいう。

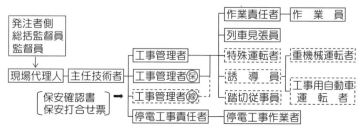

工事管理者㊞(軌道工事の場合，軌道工事管理者㊞)は，事故防止等保安業務(列車待避の位置，合図方法の徹底と事故防止計画の作成)に専念。

図2・23　請負者の事故防止体制の例

(1)　**き電**とは，電化区間において，列車に電力を供給することをいう。き電停止手続は監督員と十分打合せて行う。

(2)　**工事管理者**は，作業前日までに作業現場ごとに，日々の工事内容等について保安打合せ票を作成し監督員等と打合せた後，提出しなければならない。

(3)　工事用重機械等は，列車の運転保安及び旅客公衆等に対し安全な場所に留置して鎖錠し，<u>鍵は工事管理者又は軌道工事管理者が保管する</u>。

(4)　列車の接近から通過するまで一時施工を中止する。

解答 (3)

関連問題 鉄道（在来線）の営業線内又はこれに近接して工事を施工する場合の保安対策に関して，**適当でないもの**はどれか。

(1) 工事用臨時列車による材料等の積みおろし及び営業列車による材料の途中積みおろしは，監督員の運転保安に関する指示により行う。

(2) 工事現場において事故が発生した場合は，直ちに信号炎管又は携帯用特殊信号発光機を使用し，適切な方法で列車防護の手配をとる。

(3) 工事専用踏切に工事用しゃ断機，列車防護装置，列車接近警報機及び踏切支障検知装置等を設置した場合，その性能，機能及び使用方法ならびに点検方法を，指定された工事管理者に周知徹底させる。

(4) き電停止の作業を行う場合には，そのき電停止手続きは軌道作業責任者が行う。

解説 営業線近接工事の保安対策

(4) き電停止作業（電気を止める）は，**停電工事責任者**が行う。

解答 (4)

関連問題 鉄道（在来線）の営業線及びそれに近接する工事の保安対策に関して，**適当でないもの**はどれか。

(1) 列車見張員の職務は，承諾を受けた場合，軌道作業責任者が兼務することができる。

(2) 曲線部などの視界が悪く，所定の列車見通し距離及び待避余裕距離を確保できない場合は，中継の見張員を配置する。

(3) 施工打合せ票には，作業現場ごとの，日々の工事内容等について監督員との打合せ事項を記録するが，このとき，工事管理者は黒書きで記入し，監督員が記入する事項は赤書きで記入し誤認を防ぐ。

(4) 軌道用諸車の使用責任者は，使用前に列車の運転状況を確認し，列車の乱れが予想される場合は使用を中止する。

解説 営業線近接工事の保安対策

(1) **列車見張員**は，工事現場毎に専任の者を配置し，必要により複数配置する。軌道作業責任者との兼務はあり得ない。列車見張員は，作業員，重機械誘導員に列車進来の合図，乗務員に対して安全の合図及び事故の発生又はおそれがある場合，直ちに列車防護の手配を行う。

解答 (1)

重要問題45 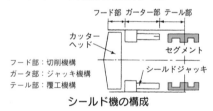 シールド工事

シールド工法の施工管理に関して，**適当でない**ものはどれか。

(1) 土圧式シールド工法において切羽の安定を図るためには，泥土圧の管理及び泥土の塑性流動性管理と排土量管理を慎重に行う。

(2) 泥水式シールド工法において切羽の安定を図るためには，泥水品質の調整及び泥水圧と掘削土量管理を慎重に行う。

(3) 土圧式シールド工法において，粘着力が大きい硬質粘性土や砂層，礫層を掘削する場合には，水を直接注入することにより掘削土砂の塑性流動性を高める。

(4) シールド掘進にともなう地盤変位は，切羽に作用する土水圧の不均衡やテールボイドの発生，裏込め注入の過不足などが原因で発生する。

解答と解説　土圧式シールド

(3) **土圧式シールド**は，掘削土を泥土化し，所定の圧力を加えて切羽の安定を図る。切羽の安定を図るためには，添加材（泥水安定材）を注入して掘削土の流動性と止水性を確保し，カッターチャンバー圧力の管理と掘削土量管理の両方を行う。なお，添加材は，カッターチャンバー内の掘削土砂の塑性流動性及び掘削土砂の不透水性を高め，シールドへの付着を防止する。

表2・4　シールドの形式

密閉型	土圧式	土圧シールド
		泥土圧シールド
	泥水式シールド	
開放型	部分開放型	ブラインド式シールド
	全面開放型	手掘り式シールド
		半機械掘り式シールド
		機械掘り式シールド

フード部：切削機構
ガータ部：ジャッキ機構
テール部：覆工機構

シールド機の構成

解答　(3)

関連問題 シールド掘進に伴う地盤変位の原因と対策に関して，**適当でない**ものはどれか。

(1) シールド掘進中の蛇行修正は，地山を緩める原因となる。周辺地山をできる限り乱さないように，ローリングやピッチング等を少なくする。

(2) 土圧式シールドや泥水式シールドでは，切羽土圧や水圧に対しチャンバー圧が小さい場合には地盤隆起，大きい場合には地盤沈下を生じるので，切羽土圧や水圧に見合うチャンバー圧管理を入念に行う。

(3) 地下水位の低下は，地盤沈下の原因となるので，セグメントの組立て，防水工の施工を入念に行い，セグメントの継手，裏込め注入孔等からの漏水を防止する。

(4) テールボイドの発生及び裏込め注入が不足の場合には，地盤沈下の原因となるので，充てん性と早期強度の発現性に優れた裏込め注入材を選定し，できるだけシールド掘進と同時に裏込め注入を行う。

2・6 鉄道・地下構造物工事

解説 **地盤変位の原因と対策**

(2) **土圧式シールドや泥水式シールド**では，切羽土圧や水圧に対しチャンバー圧が小さい場合には湧水や崩壊及び地盤沈下が，大きい場合には推進速度の低下や地盤隆起，噴発等が生じるので，切羽土圧や水圧に見合うチャンバー圧管理を入念に行う。

なお，シールド推進に伴い，シールドのローリング，ピッチング等で，所定の線から上下又は左右にずれて蛇行するのを防ぐため，地質，ジャッキ圧力やストロークの不均衡等に注意する。また，シールド前進後に残るテールボイドを充てんする作業が裏込め注入である。

解答 (2)

関連問題 シールドの施工に関して，**適当でないもの**はどれか。

(1) セグメントの仮置きについては，セグメントの内側を上に向けて積み重ねる舟積みの際に，変形やひび割れが生じないよう配慮する。

(2) 一般に，裏込め注入工の施工にあたっては，圧力管理と量管理の両方法で総合的に管理する。

(3) セグメントの組立ては，セグメント及び防水材料の損傷を防止し組立てを迅速に行うため，シールドジャッキ全部を一度に引き込んで行う。

(4) 推進にあたっては，セグメントを損傷しないように，なるべく多くのジャッキを使用して所要推力を得る。

解説 **シールドの施工**

(3) **セグメント**には，鋼製セグメント，鉄筋コンクリートセグメント等があり，エレクター（セグメントを所定の位置に運ぶ装置）を用いて千鳥配列に組立て，ボルトで締結する。セグメントの組立ては，シールドジャッキ全部を一度に引き込めると地山の土圧や切羽の泥水圧によってシールドが押し戻されるので，数本ずつ引き込みセグメントを組み立てる。

解答 (3)

重要問題46 鋼構造物の塗装

鋼構造物塗装の塗重ねに関して，**適当でないもの**はどれか。

(1) 塗装を塗り重ねる場合の塗装間隔は，塗料ごとに定められた間隔を守る。

(2) 塗装間隔が短いと，下層の未乾燥塗膜は，塗り重ねた塗料の溶剤によって膨潤して，しわが生じやすくなる。

(3) 塗料の乾燥が不十分なうちに次層の塗料を塗り重ねると，上層塗膜に泡やふくれが生じることがある。

(4) 塗装間隔が長過ぎると，後日に塗膜間でにじみが生じやすくなる。

解答と解説 鋼構造物塗装の塗重ね

○ **塗装の工程**は，素地調整，金属前処理塗装（プライマー），下塗り，中塗り，上塗りの順で行う。

(1) 被塗物と塗膜間の付着性が良くないと，塗膜を透過してきた水分や酸素により腐食反応が進行し，ふくれ，はがれ，錆などの塗膜の劣化が生じる。塗重ね間隔は，塗料ごとに定められた間隔を守る。

(2) 下層の未乾燥塗膜の上に塗り重ねると，塗り重ねた塗料の溶剤によって膨張してしわが生じやすくなる。

(3) 下層の未乾燥塗膜の乾燥阻害，下層塗膜中の溶剤の蒸発によって塗膜がもち上げられ，上層塗膜に泡，ふくれが生じるおそれがある。

(4) 塗装間隔が長過ぎると，塗重ね塗料との密着度が低下し，後日，塗膜間で層間はく離が生じやすくなるので，極力短い間隔で塗料を塗り重ねる。

解答 (4)

関連問題 鋼橋の塗膜劣化に関して，**適当でないもの**はどれか。

(1) チェッキングは，塗膜の表面に生じる比較的軽度な割れで，塗膜内部のひずみによって生じ，目視でやっとわかる程度のものである。

(2) クラッキングは，塗膜の内部深く，又は鋼材面まで達する割れで，塗膜内部のひずみによって生じ，目視では判断できないものである。

(3) チョーキングは，塗膜の表面が粉化して次第に消耗していくもので，紫外線などによって塗膜表面が分解して生じ，耐久性が低下するものである。

(4) はがれは，塗膜と鋼材面又は，塗膜と塗膜間の付着力が低下した時に生じ，結露の生じやすい下フランジ下面などに多く見られる。

解説 塗膜劣化

⑵　**チェッキング**は塗膜の表面に生じる比較的軽度な割れ，**クラッキング**は塗膜の内部深く又は鋼材面まで達する割れで目視によって容易に判断できる。
　　なお，⑶**チョーキング**（白亜化）は，塗膜の表面が粉化して次第に消耗していく現象。⑷**はがれ**（はく離）は，塗膜と鋼材面との付着が低下し，塗膜が欠損する状態をいう。

解答 ⑵

関連問題 塗替え塗装の素地調整に関して，**適当でないもの**はどれか。

⑴　素地調整は，塗膜の劣化程度に応じて区分され，3種ケレンは，部分的に点錆及び塗膜の割れやはがれが発生しているが活膜も多くある状態の箇所に適用される。
⑵　塗膜劣化による発錆がはなはだしく全面に発生した状態では，清浄な鋼材面とするため，素地調整の効果が優れている2種ケレンに用いられるブラスト法で行う。
⑶　4種ケレンは，除錆作業を必要とせず，粉化物や汚れなどを除去するための面あらしや清掃を行うもので，塗膜の防錆効果を良好に維持するには，4種ケレン程度の劣化状態で塗替えを行うことが望ましい。
⑷　素地調整工具のディスクサンダーは，サンドペーパーの回転研磨力を利用して素地調整するもので，サンドペーパーのサンド粒子は，錆落としにはあらいもの，面あらしや清掃には細かいものを用いる。

解説 塗装の素地調整（ケレン）

⑵　**素地調整**は，鋼材の錆び落し，清掃作業を行うもので，作業内容によりブラスト法による1種から，ディスクサンダー，ワイヤホイルなどの動力工具と手工具の併用で行う2種～4種に区分される。素地調整後，一時的な防錆を目的として**プライマー**を塗布する。

解答 ⑵

表2・5　素地調整の種別

種　別	作業内容	作業方法
1種 （1種ケレン）	錆，塗膜を除去し，清浄な鋼材面とする。	ブラスト法
2種 （2種ケレン）	錆，塗膜を除去し鋼材面を露出させる。ただし，くぼみ部分や狭隘部分には錆や塗膜が残存する。	ディスクサンダー，ワイヤーホイルなどの動力工具と手工具の併用
3種 （3種ケレン）	錆，劣化塗膜を除去し鋼材面を露出させる。劣化していない塗膜（活膜）は残す。	同上
4種 （4種ケレン）	粉化物及び付着物を落とし，活膜を残す。	同上

重要問題47 上水道管の布設

上水道管の施工に関して，**適当なもの**はどれか。

(1) ダクタイル鋳鉄管は，受口部分に鋳出してある表示記号のうち，管径，年号の記号を横に向けて据え付ける。

(2) 管を掘削溝内に吊り下ろす場合は，溝内の吊下ろし場所に作業員を待機させ管を誘導しながら，所定の位置に吊り下ろす。

(3) 管の布設は，原則として高所から低所に向け行い，受口のある管は受口を高所に向け配管する。

(4) 直管と直管の継手箇所で角度をとる曲げ配管は，行ってはならない。

解答と解説 上水道管の施工

○ 上水道に使用する管種には，硬質塩化ビニル管，ダクタイル鋳鉄管，鋼管がある。**ダクタイル鋳鉄管**（組織内の黒鉛を球状にして強さ・延性を改善）は，圧力管として使用され，耐圧性及び耐食性に優れている。**鋼管**は，水密性及び強度に優れた特性をもつが，塗覆装を行わないと腐食には弱い。**配水管**を埋設する場合，土かぶり1.2m以上，他の地下埋設物と交差又は近接する箇所では，少なくとも30cm以上の間隔を保つ。

(1) 管の据付けでは，管の鋳出し文字や記号は必ず<u>上に向けて据え付ける</u>。

(2) 溝内の吊下ろし場所から作業員を一時的に<u>安全な場所に退避させる</u>。

(3) 配管は<u>低い方から高い方に向かって行う</u>。

(4) 直管と直管の継手箇所で角度をとる曲げ配管は，漏水の原因となるため，行ってはならない。

解答 (4)

関連問題 上水道の管布設工事に関して，**適当でないもの**はどれか。

(1) 工事の施工に先立ち地下埋設物の位置を確認するため行う試掘りは，原則として機械掘削により行う。

(2) 床付け及び接合部の掘削は，配管及び接合作業が完全にできるよう所定の形状に仕上げ，えぐり掘りは行ってはならない。

(3) 1日の布設作業完了後は，管内に土砂，汚水等が流入しないよう，木蓋等で管端部をふさぐ処置をする。

(4) 埋戻しは，片埋めにならないように注意し，厚さ30cm以下に敷均しを行い，現地盤と同程度以上の密度となるように締固めを行う。

解説 **管布設工事**

(1)　工事の施工に先立ち地下埋設物の位置の確認のための**試掘り**は，機械掘削をさけ，人力による手掘り掘削とする。埋設物の存在が確認されたときは，布掘り又はつぼ掘りを行ってこれを露出させておく。えぐり掘りは行ってはならない。なお，試掘りにより埋設物を確認した場合には，その位置等を道路管理者及び埋設物の管理者に報告すること。

解答　(1)

関連問題　上水道管の更新・更生工法に関して，**適当でないもの**はどれか。

(1)　既設管内挿入工法は，挿入管としてダクタイル鋳鉄管及び鋼管等が使用されているが既設管の管径や屈曲によって適用条件が異なる場合があるため，挿入管の管種や口径等の検討が必要である。

(2)　既設管内巻込工法は，管を巻込んで引込作業後拡管を行うので，更新管路は曲がりには対応しにくいが，既設管に近い管径を確保することができる。

(3)　合成樹脂管挿入工法は，管路の補強が図られ，また，管内面は平滑であるため耐摩耗性が良く流速係数も大きいが，合成樹脂管の接着作業時の低温には十分注意する。

(4)　被覆材管内装着工法は，管路の動きに対して追随性が良く，曲線部の施工が可能で，被覆材を管内で反転挿入し圧着する方法と，管内に引き込み後，加圧し膨張させる方法とがあり，適用条件を十分調査の上で採用する。

解説 **上水道管の更新・更生工法**

〇　**更新工法**は，機能の低下した管を新しい管に交換し機能を回復させるもので，布設替えと管内管施工（既設管破砕推進工法，既設管内挿入工法，既設管内巻込工法）がある。

〇　**更生工法**は，内面の錆を落し通水能力を高める工法をいう。

(2)　**既設管内巻込工法**は，既設管内に縮径した巻込鋼管を引き込み，管内で拡管・溶接し，既設管内面と新管外面との間隙にモルタルを注入して重層構造とする。更新管路は既設管に近い管径を確保することができ，曲がりに対しても対応しやすい。

解答　(2)

重要問題48 下水道管渠の布設

下水道管の施工に関して，**適当でないもの**はどれか。

(1) 布基礎は，支持層が極めて深く，杭の打込みが不経済になる場合に用いられ，一般に，鉄筋コンクリート管や陶管の基礎として用いられる。

(2) 剛性管渠の設置地盤が岩盤の場合は，砂又は砕石基礎とし，基床厚は一般より多少厚めとするほうが安全である。

(3) はしご胴木基礎は，地盤が軟弱な場合又は地質や上載荷重が不均質な場合に用いられる基礎であり，砂基礎と併用する際には胴木と管体との間は十分に砂を敷き均し，突き固める。

(4) 可とう性管渠の基礎は，砂又は砕石基礎とし，地盤の条件によってはソイルセメント工法等で管体側部の土の受働抵抗力を確保する。

解答と解説　下水道管の施工

(1) **布基礎**は，極軟弱地盤で支持層が極めて深く，杭の打込みが不経済になる場合に，掘削溝底にコンクリート床版を打設し，上部荷重の基底への分散を図って地盤の沈下を防止する。<u>硬質塩化ビニル管やダクタイル鋳鉄管</u>などの可とう性管の基礎として用いられる。

解答　(1)

関連問題　下水道管渠の基礎に関して，**適当でないもの**はどれか。

(1) はしご胴木基礎は，砂質地盤で地質が均質な場所に採用し，はしご状の構造により支持する。

(2) 鳥居基礎は，極軟弱地盤で，ほとんど地耐力を期待できない場合に採用し，はしご胴木の下部を杭で支持する。

(3) 砕石基礎は，地盤が比較的良好な場所で採用し，細かい砕石を管渠下部にまんべんなく密着するように締固めて管渠を支持する。

(4) コンクリート基礎は，地盤が軟弱な場所や管渠に働く外圧が大きい場合に採用し，管渠の底部をコンクリートで巻き立てて支持する。

解説　下水道管渠の基礎

(1) **はしご胴木基礎**は，<u>地盤が軟弱な場合，土質や上載荷重が不均等な場合</u>に管渠の不同沈下を防止するために用いる。まくら木と縦木ではしご状にして管渠を支持する。

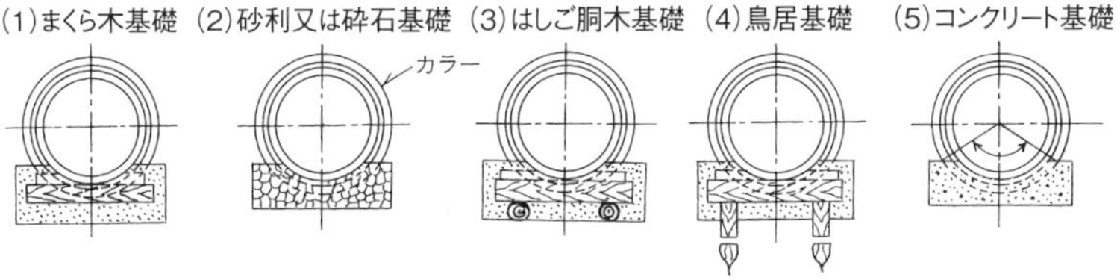

(1)まくら木基礎　(2)砂利又は砕石基礎　(3)はしご胴木基礎　(4)鳥居基礎　(5)コンクリート基礎

カラー

図2・24　剛性管渠の基礎工

解答 (1)

関連問題 下水道管渠の接合に関して，**適当なもの**はどれか。

(1)　地表勾配が急な場合には，管渠径の変化にかかわらず，原則として地表勾配に応じ，水面接合又は管頂接合とする。

(2)　管底接合は，ポンプ排水の場合は有利であるが，上流部において動水勾配線が管頂より上昇するおそれがある。

(3)　管頂接合は，水の流れが円滑で水理学的に安全な方法であり，ポンプ排水の場合にはポンプの揚程が小さくなる。

(4)　管渠径が変化する場合又は2本の管渠が合流する場合は，原則として段差接合又は階段接合とする。

解説 下水道管渠の接合

(1)　地表勾配が急な場合には，地表勾配に応じ，**段差接合又は階段接合**とする。

(2)　**管底接合**は，掘削深さが小さく，上流部において動水勾配線が管頂より上昇し，圧力管となるおそれがある。

(3)　**管頂接合**は，流水は円滑となるが，掘削深さが増して工事費がかさむ。ポンプ排水の場合，ポンプの揚程が大きくなり不利である。

(4)　管渠が変化する場合，2本以上の管渠が合流する場合の接合方法は，原則として**水面接合又は管頂接合**とする。

解答 (2)

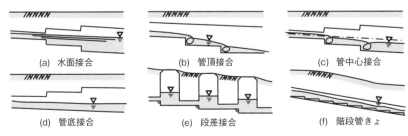

(a)　水面接合　　(b)　管頂接合　　(c)　管中心接合

(d)　管底接合　　(e)　段差接合　　(f)　階段管きょ

図2・25　主な管きょ接合

重要問題49 小口径管推進工法・薬液注入工法

小口径管推進工法に関して，**適当でないもの**はどれか。

(1) 圧入方式は，先導体に誘導管又は推進管を装着し，推進装置により直接地山に圧入する方式で，一工程方式と二工程方式に分類される。

(2) 泥土圧方式は，推進管の先端に泥土圧式先導体を装着し，掘削土砂の塑性流動化を促進させるための添加材注入と止水バルブの採用により，切羽の安定を保持しながら掘削を行う。

(3) ボーリング方式は，先導体内にオーガヘッド及びスクリューコンベヤーを装着し，この回転により掘削排土しながら推進管を推進する。

(4) 泥水方式は，推進管の先端に泥水式先導体を装着し，切羽安定のため泥水を送り，カッターの回転により掘削し推進管を推進する。

解答と解説　小口径管推進工法

(1) **圧入方式**は，最初から所定の布設管を推進する一工程方式と先導体・誘導管を圧入した後，それを案内として推進する二工程方式がある。

(2) **泥土圧方式**は，掘削土砂の塑性流動化を図り切羽の安定を保ち，カッターにより掘削し推進管を推進する。

(3) **ボーリング方式**は，鋼管先端の刃先を回転しながら推進するもので，一重ケーシング方式と内部ケーシングロッドを持つ二重ケーシング方式がある。記述の内容は，**オーガ方式**のことである。

(4) **泥水方式**は，推進管先端の泥水先導体に泥水を送り，切羽の安定を保ちカッターにより掘削し推進管を推進する。

解答 (3)

関連問題 下水道管きょの更生工法に関して，**適当なもの**はどれか。

(1) 形成工法は，既設管きょより小さな管径で製作された管きょをけん引挿入し，間げきに充てん材を注入することで管を構築する。

(2) 反転工法は，熱硬化性樹脂を含浸させた材料を既設のマンホールから既設管きょ内に反転加圧させながら挿入し，既設管きょ内で加圧状態のまま樹脂が硬化することで管を構築する。

(3) さや管工法は，既設管きょ内に硬質塩化ビニル材などをかん合製管し，既設管きょとの間げきにモルタルなどを充填することで管を構築する。

(4) 製管工法は，熱硬化性樹脂を含浸させたライナーや熱可塑性樹脂ライ

ナーを既設管きょ内に引込み，水圧又は空気圧などで拡張・密着させた後に硬化させることで管を構築する。

2・7 上下水道工事

解説 下水道管きょの更生工法

○　**更生工法**は，既設管内に新しく管を構築する工法である。

(1)は**さや管工法**，(3)は**製管工法**，(4)は**反転工法**である。ライナー：内張り。

表2・6　更生工法の概要

更生工法	さや管工法	既設管内径より小さな外径の新管を推進し既設管内に敷設し，すき間に充填材を注入して管を構築する。
	形成工法	熱又は光で硬化する樹脂材料や熱可塑性樹脂のパイプを既設管内に引込み空気圧等で拡張・圧着させて管を構築する。
	製管工法	既設管内に硬質塩化ビニル材等をかん合（合わせる）させ製管し，既設管とのすき間にモルタル等を充填させ管を構築する。
	反転工法	熱又は光で硬化する樹脂材料を既設マンホールから既設管内に加圧反転させながら挿入し，加圧状態で硬化させ管を構築する。

解答 (2)

関連問題　薬液注入工事の施工管理に関して，**適当でないもの**はどれか。

(1)　注入箇所から10m以内に複数の地下水監視のために井戸を設置して，注入中のみならず注入後も一定期間，地下水を監視する。

(2)　注入時の管理を適正な配合とするためには，ゲルタイム（硬化時間）を原則として作業中に測定する。

(3)　構造物への影響は，瞬結ゲルタイムと緩結ゲルタイムを使い分けた二重管ストレーナー工法（複相型）の普及により少なくなっている。

(4)　25m以上の大深度の削孔では，ダブルパッカー工法のパーカッションドリルよりも，二重管ストレーナー工法（複相型）の方が削孔の精度は低い。

解説 薬液注入工事

(2)　注入施工時には，現場注入試験で**ゲルタイム**（薬液が流動性を失うまでの時間）を，施工開始前，午前中，午後の3回以上確認する。

　　なお，(4)**二重管ダブルパッカー工法**は，ケーシングパイプを用いて削孔し，長いゲルタイムの薬液を小さな注入速度でゆっくり注入する。**二重管ストレーナー工法**（複相型）は，ボーリングロッドを利用して1次注入で瞬結型薬液を注入した後，2次注入で緩結型薬液を注入する。　　**解答** (2)

|資料|　RC構造物の耐久性照査項目

○　コンクリートの耐久性を阻害する要因は，凍害，化学的侵食，アルカリ骨材反応等があり，コンクリート中の鉄筋腐食については，塩害，中性化及びひび割れが関係する。

項目	現　　　象	対　　　策
中性化	・空気中の二酸化炭素の作用を受けて，コンクリート中の水酸化カルシウムが炭酸カルシウムになり，コンクリートのアルカリ性が低下する現象。 ・鋼材位置まで達すると鋼材腐食が生じる。腐食生成物の体積膨張がコンクリートにひび割れやはく離を引き起こす。	① タイル，石張りなどで仕上げる。 ② かぶり（厚さ）を大きくしたり，気密性の吹付け材を施工する。
塩化物イオンの侵入	・コンクリート中に存在する塩化物イオンの作用により鋼材が腐食し，コンクリート構造物に損傷を与える現象。 ・コンクリートの材料（海砂，混和剤，セメント，練混ぜ水）に最初から含まれているものと，海水飛沫や飛来塩化物，凍結防止剤などの塩化物がコンクリート表面から浸透する場合とがある。	① 塩化物イオン量を$0.3\mathrm{kg/m^3}$以下とする。 ② 混合セメントを使用する。 ③ 密実なコンクリートとする。 ④ ひび割れ幅を制御し，かぶりを大きくする。 ⑤ 樹脂塗装鉄筋の使用やコンクリート表面にライニングをする。 ⑥ 電気防食を行う。
凍結融解作用	・コンクリート中の水分が凍結すると，凍結膨張に見合う水分がコンクリート中を移動し，水圧がコンクリートを破壊する現象。破壊はセメントペースト中，骨材中及び両者の境界で生じる。	① 耐凍害性の大きな骨材を用いる。 ② AE剤，AE減水剤を使用してエントレインドエアを連行させる。 ③ 水セメント比を小さくして密実なコンクリートとする。
化学的侵食	・侵食性物質とコンクリートとの接触によるコンクリートの溶解・劣化や，侵入した侵食性物質がセメント組成物質や鋼材と反応し，体積膨張によるひび割れやかぶりのはく離などを引き起こす劣化現象。	① コンクリート表面被覆。 ② 腐食防止処置を施した補強材の使用。 ③ かぶりを十分にとり鋼材を保護。 ④ 水セメント比を小さくして密実なコンクリートとする。
アルカリ骨材反応	・骨材中のある成分とアルカリが反応して生成物が生じ，これが吸水膨張してコンクリートにひび割れが生じる現象。 （要因：高濃度のアルカリ，反応性の骨材，充分な水）	① アルカリシリカ反応の抑制効果のあるセメントを使用する。 ② コンクリート中のアルカリ総量を$3.0\mathrm{kg/m^3}$以下とする。 ③ 骨材のアルカリシリカ反応性試験で無害と確認された骨材の使用。

法　規

第3章

法　規

[選択問題・問題A]

内容

1. 労働基準法
2. 労働安全衛生法
3. 建設業法
4. 道路関係法
5. 河川法
6. 建築基準法
7. 騒音規制法・振動規制法
8. 港則法，火薬類取締法

対策

1. 建設工事の施工に必要な上記の法令に関する一般的な知識が問われます。

12問出題，うち8問題選択・解答

2. 法規は，広範囲にわたるので日頃から，注意して一つひとつ覚えること。

重要問題50 **労働契約**

労働基準法に定める労働契約等に関して，**誤っているもの**はどれか。

(1) 使用者は，労働契約の不履行について違約金を定め，又は損害賠償額を予定する契約をしてはならない。

(2) 使用者は，前借金その他労働することを条件とする前貸の債権と賃金を相殺することができる。

(3) 使用者は，各事業場ごとに労働者名簿を，日日雇い入れられる者を除く各労働者について調製し，労働者の氏名，生年月日，履歴その他省令で定める事項を記入しなければならない。

(4) 使用者は，労働者の死亡又は退職の場合，権利者の請求があった場合は賃金の支払い，労働者の権利に属する金品の返還をしなければならない。

解答と解説 **労働契約**

○ **労働契約**とは，使用者と個々の労働者とが労務給付に関して締結する契約をいう。労働契約に際して，労働条件の明示が必要となる。労働契約では，**この法律違反の契約**（第13条），**契約期間等**（第14条），**労働条件の明示**（第15条）等を規定している。

(2) 使用者は，前借金その他労働することを条件とする前貸の債務と賃金を相殺してはならない（第16条，**前借金相殺の禁止**）。

なお，(1)賠償予定の禁止（第16条），(3)**労働者名簿**（第107条），(4)は**金品の返還**（第23条）の規定。

解答 (2)

関連問題 労働基準法に関して，**誤っているもの**はどれか。

(1) 労働基準法で定める基準に達しない労働条件を定める労働契約は，その部分については無効となる。

(2) 使用者は，労働契約の締結に際し，労働者に対して賃金，労働時間等の労働条件を明示しなければならない。

(3) 労働基準法での賃金とは，賃金，給料，手当をいい，賞与が含まれることはない。

(4) 使用者は，別に定め等をした場合を除き，労働者に休憩時間を除き1週間について40時間を超えて，労働させてはならない。

解説　労働契約（賃金）

(1)　**労働契約**は，労働協約，就業規則，労働基準法の規則を受ける。労働契約は，法令，労働協約，就業規則に反してはならない。労働基準法で定める基準に達しない労働契約は，その部分について無効である。無効となった部分は，この法律で定める基準による（第13条，**この法律違反の契約**）。

(3)　**賃金**（第11条）とは，賃金，給料，手当，<u>賞与</u>その他名称の如何を問わず，労働の対償として使用者が労働者に支払うすべてのものをいう。

　　なお，(2)**労働条件の明示**（第15条），(4)は**労働時間**の規定。

解答　(3)

関連問題　労働基準法上，常時10人以上の労働者を使用する使用者が，就業規則に**必ず記載しなければならない事項**はどれか。

(1)　解雇の事由を含む退職に関する事項
(2)　安全及び衛生に関する事項
(3)　最低賃金額に関する事項
(4)　職業訓練に関する事項

解説　労働条件の明示と就業規則

○　使用者は，労働契約の締結に際し，労働者に対して賃金，労働時間その他労働条件を明示しなければならない（第15条，**労働条件の明示**）。この場合，賃金及び労働時間に関する事項その他の命令で定める次の事項は，書面を交付して明示しなければならない。（同則第5条）

①　労働契約の期間に関する事項
②　就業の場所及び従事すべき業務に係る事項
③　始業及び終業の時刻，所定労働時間を超える労働時間の有無，休憩時間，休日，休暇並びに就業時転換に関する事項
④　賃金の決定，計算及び支払の方法，賃金の締切り及び支払時期
⑤　<u>退職に関する事項</u>（解雇の事由を含む）

○　**就業規則**（第89条）とは，使用者が指揮命令権に基づいて作成する，労働者が就業上順守すべき規則をいう。常時10人以上の労働者を使用する使用者は，就業規則を作成し，行政官庁に届け出なければならない。

　　<u>(1)は必ず記載しなければならない。</u>(2)，(3)，(4)については，定めのある場合には明示しなければならない事項である。

解答　(1)

重要問題51 解雇・賃金・労働時間

解雇に関する労働基準法の定めについて，**誤っているもの**はどれか。

(1) 業務上の負傷による休業期間が3日後に終了する労働者について解雇予告を行い，その30日後に解雇を行った。

(2) 解雇した労働者から，解雇の理由などについての証明書を請求されたので，請求された項目に限定して遅滞なく交付した。

(3) 日日雇用で2ヶ月使用した労働者に対して，20日前に解雇予告し，かつ10日分の平均賃金を追加して支払い解雇した。

(4) 試として10日間使用した労働者について，解雇の予告等を行うことなく解雇した。

解答と解説　労働者の解雇

○　使用者は，労働者が業務上負傷し，又は疾病にかかりその<u>療養のために休業する期間及びその30日間は解雇してはならない</u>（第19条，**解雇の制限**）。

○　使用者は労働者を解雇しようとする場合は，少なくとも30日前に予告しなければならない。30日前に予告しない使用者は，30日分以上の平均賃金を支払わなければならない（第20・21条，**解雇の予告**）。但し，①日々雇い入れられる者，②2ヶ月以内の期間を定めた者，③4ヶ月以内の季節的労働者，④試用期間中の者（但し，14日以内）については，解雇の予告は適用しない。

(1) 休業期間が3日短縮されている。不適当。

解答 (1)

関連問題 労働者に支払われる賃金に関して，**正しいもの**はどれか。

(1) 賃金は，2ヶ月に1回以上，一定の期日を定めて支払わなければならない。

(2) 使用者は，出来高払制その他の請負制で使用する労働者については，賃金の保障をしなくてもよい。

(3) 使用者は，労働者が出産，疾病などの非常の場合の費用に充てるために請求する場合においては，支払期日前であっても，既往の労働に対する賃金を支払わなければならない。

(4) 賃金は，使用者の都合により一部を控除して支払うことができる。

解説 賃金の支払い

(1) **賃金**は，通貨で，直接労働者に，その全額を毎月1回以上，一定の期日を定めて支払わなければならない。但し，臨時に支払われる賃金，賞与等はこの限りでない（第24条，**賃金の支払**）。

(2) **出来高払制**その他の請負制で使用する労働者については，使用者は労働時間に応じて一定額の賃金を保障しなければならない（第27条，**出来高払制の保障給**）。

(3) **非常時払**（第25条）の規定である。

(4) 書面による協定がある場合においては，賃金の一部を控除して支払うことができる（第24条，**賃金の支払**）。使用者の都合で控除はできない。

解答 (3)

関連問題 労働時間に関して，**誤っているもの**はどれか。

(1) 使用者は，災害その他避けることができない事由がある場合においても，事前に所轄労働基準監督署長の許可を得なければ，労働時間を延長することはできない。

(2) 原則として，使用者は，休憩時間を除き1週間について40時間，1日について8時間を超えて労働させてはならない。

(3) 使用者は，雇入れの日から起算して6ヶ月間継続勤務し全労働日の8割以上出勤した労働者に対して，継続し又は分割した10労働日の有給休暇を与えなければならない。

(4) 坑内労働における労働時間の延長は，1日について2時間を超えてはならない。

解説 労働時間

(1) **災害等による臨時の必要がある場合の時間外労働等**（第33条）については，使用者は，行政官庁の許可を受けて，その必要の限度において労働時間の延長，休日に労働させることができる。但し，事態急迫のために行政官庁の許可を受ける暇がない場合においては，事後に遅滞なく届け出る。

(4) **時間外及び休日の労働**（第36条）：使用者は，労働組合等の書面による協定及び行政官庁に届け出た場合，法定労働時間・休日の規定にかかわらず，労働時間を延長し又は休日に労働させることができる。但し，坑内労働等健康上特に有害な業務の労働時間の延長は，1日について2時間を超えてはならない。

なお，(2)**労働時間**（第32条：1日8時間，1週間40時間），(3)**年次有給休暇**（第39条）の規定。

解答 (1)

3・1 労働基準法

重要問題52 **安全衛生管理体制**

　安全衛生管理体制に関して，**誤っているもの**はどれか。

(1)　建設業を営む事業者は，常時100人以上の労働者を使用する事業場ごとに総括安全衛生管理者を選任しなければならない。

(2)　労働基準監督署長は，労働災害を防止するため必要があると認めるときは，事業者に対し安全管理者の増員又は解任を命ずることができる。

(3)　統括安全衛生責任者を選任すべき事業者以外の請負人で，当該仕事を自ら行うものは，安全衛生責任者を選任しなければならない。

(4)　特定元方事業者は，都道府県労働局長の許可を得て，2つ以上の事業場において兼務する元方安全衛生管理者を選任することができる。

解答と解説　混在現場における安全衛生体制

○　建設業は数次の下請によって工事がなされる。労働災害を防止するため，個別事業ごとに**総括安全衛生管理者**による安全衛生管理が，混在現場では特定元方事業者による**統括安全衛生責任者**の安全衛生管理がとられる。

(4)　**特定元方事業者**（建設業であって元請業者）は，同一場所で元請・下請を合わせて，常時50人以上の労働者が混在して作業を行う場合，**統括安全衛生責任者**を選任し，その者に**元方安全衛生管理者**の指揮をさせなければならない。元方安全衛生管理者の選任は，その事業場に専属の者を選任して行わなければならない（第15条，**統括安全衛生責任者**）。

　なお，(1)の**総括安全衛生管理者**（第10条）の選任は，単一企業で常時100人以上の労働者を使用する事業場の規定である（P186）。

解答　(4)

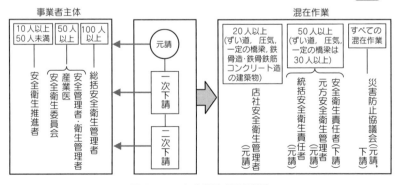

図3・1　安全衛生管理体制

関連問題 特定元方事業者の措置として，**誤っているもの**はどれか。

(1) 協議組織の設置及び運営並びに作業間の連絡及び調整を行うこと。

(2) 作業場の巡視を少なくとも毎週１回行うこと。

(3) 関係請負人が行う労働者の安全又は衛生のための教育に対する指導及び援助を行うこと。

(4) 移動式クレーンを用いて作業を行う場合は，運転についての合図を統一的に定め，これを関係請負人に周知させること。

解説 **特定元方事業者の講ずべき措置**

○ **特定元方事業者**は，その労働者及び関係請負人の労働者の作業が同一の場所において行われることによって生ずる労働災害を防止するため，次の事項に関する必要な措置を講じなければならない（第30条，**特定元方事業者等の請ずべき措置**）。

① 協議組織の設置及び運営を行う。

② 作業間の連絡及び調整を行う。

③ 作業場所を巡視する（毎作業日に少なくとも１回）。

④ 関係請負人が行う労働者の安全又は衛生の教育に対する指導・援助。

⑤ 工程に関する計画，作業場所の機械等の配置計画。

⑥ 労働災害を防止するため必要な事項（合図・標識・警報の統一）。

解答 (2)

関連問題 安全衛生管理体制に関して，**誤っているもの**はどれか。

(1) 労働者数が常時30人程度となる事業場は，安全衛生推進者を選任する。

(2) 安全衛生推進者は，元方安全衛生管理者の指揮，協議組織の設置及び運営を行う。

(3) 統括安全衛生責任者は，元方安全衛生管理者の指揮を行う。

(4) 特定元方事業者は，その労働者及び関係請負人の労働者が80人となる場所において作業を行うときは，統括安全衛生責任者を選任する。

解説 **安全衛生管理体制**

(1) **安全衛生推進者等**（第12条の２）：10人以上50人未満の事業場。

(2) 安全衛生推進者→統括安全衛生責任者。

(4) **統括安全衛生責任者の選任**：常時50人以上。但し，ずい道・圧気・橋梁は30人以上。

解答 (2)

３
・
２

労働安全衛生法

重要問題53 作業主任者，計画の届出

作業主任者の選任を**必要としない作業**はどれか。

(1) 高さ5m以上の足場の組立て，解体作業

(2) 型枠支保工の組立て，解体作業

(3) ずい道等の覆工作業

(4) 掘削面の高さが1m以上となる地山の掘削作業

解答と解説　作業主任者の選任すべき作業

○　事業者は，労働災害を防止するための管理を必要とする作業については，**作業主任者**を選任し，その者に当該作業に従事する労働者の指揮その他厚生労働省令で定める事項を行わせなければならない（第14条，作業主任者）。

表3・1　作業主任者の選任を必要とする作業（令第6条）

作業主任者	作業の内容	資格
高圧室内作業主任者	圧気工法で行われる潜函工法，その他の高圧室内の作業	免許者
ガス溶接作業主任者	アセチレン又はガス集合装置を用いて行う溶接等の作業	免許者
地山の掘削作業主任者	地山の掘削の作業（掘削面の高さが**2m以上**）	講習修了者
土止め支保工作業主任者	切梁・腹起しの取付け又は取外しの作業	講習修了者
ずい道等の掘削作業主任者	掘削の作業，ずり積み，ずい道支保工組立，ロックボルト取付け，コンクリート等吹付けの作業	講習修了者
ずい道等の覆工作業主任者	ずい道型枠支保工の組立・移動・解体・コンクリート打設の作業	講習修了者
型枠支保工の組立て等作業主任者	型枠支保工の組立・解体の作業	講習修了者
足場の組立て等作業主任者	足場の組立・解体・変更の作業（ゴンドラを除くつり足場，張出し足場又は高さが**5m以上**の構造の足場）	講習修了者
鋼橋架設等作業主任者	金属製の橋梁の上部構造の架設・解体・変更の作業（高さが**5m以上**又は支間が**30m以上**）	講習修了者
コンクリート造工作物の破壊等作業主任者	高さが**5m以上**のコンクリート造の工作物の解体・破壊の作業	講習修了者

解答　(4)

関連問題　労働者に安全又は衛生のための特別の教育をしなければならない業務として，これに**該当しないもの**はどれか。

(1) アーク溶接機を用いて行う金属の溶接，溶断等の業務

(2) 土止め支保工の切ばり又は腹起しの取外しの業務

(3) ずい道の掘削の作業又はずい道内部におけるずりの運搬の業務

(4) 吊上げ荷重が5t未満のデリックの運転の業務

解説 特別教育（労働者の就業にあたっての措置）

○　事業者は，労働者を雇い入れたとき，作業内容を変更したときは，従事する業務に関する**安全又は衛生のための教育**を行なわなければならない。また，危険又は有害な業務で，労働者を就かせるときは，当該業務に関する安全又は衛生のための**特別の教育**を行なう（第59条，**安全衛生教育**）。

表3・2　特別教育を必要とする業務（則第36条）

①　アーク溶接の業務
②　つり上げ荷重5t未満のクレーン（移動式を除く），デリックの運転
③　つり上げ荷重1t未満の移動式クレーンの運転
④　建設用リフトの運転，ゴンドラの操作，軌道装置の運転の業務
⑤　つり上げ荷重1t未満のクレーン等及びデリックの玉掛け業務
⑥　高圧室内作業及び酸素欠乏危険作業に係る業務
⑦　足場の組立等の作業に係る業務（補助業務を除く）
⑧　機体重量3t未満の車両系建設機械の運転業務
⑨　ずい道の掘削，ずり・資材等の運搬，覆工コンクリート打設作業

(2)　土止め支保工の切ばり又は腹起しの取外しの作業は，該当しない。

解答　(2)

関連問題　厚生労働大臣へ工事計画の届出を**必要としないもの**はどれか。

(1)　最大支間500mの斜張橋の建設
(2)　堤高が100mのダムの建設
(3)　長さ3,500mのずい道の建設
(4)　0.5MPaの圧気工法による基礎工の建設

解説 厚生労働大臣への計画の届出

○　**計画の届出**（第88条）には，厚生労働大臣への届出（大規模な仕事）と労働基準監督長への計画の届出及び設備に関する計画の届出がある。

表3・3　厚生労働大臣へ計画の届出を必要とする工事

法令条項	工事	規模等
法第88条第3項（工事開始の日の30日前までに，所定の様式，書類を添付し，厚生労働大臣へ直接届け出る。）	建設工事等	高さが300m以上の塔
	ダム工事	堤高が150m以上
	橋梁工事	最大支間500m以上（つり橋の場合最大支間1,000m以上）
	ずい道工事	長さ3,000m以上　長さ1,000m以上3,000m未満で，深さが50m以上の立坑の掘削を伴うもの
	潜函，シールド工事等	ゲージ圧力0.3MPa以上の圧気工法

(3)　高さが31mを超え300m未満の建設物又は工作物の建設工事等は，労働基準監督署長への届出事項。

解答　(2)

重要問題54 技術者制度

建設業法に定める技術者制度に関して，**正しいもの**はどれか。

(1) 指定建設業とは，土木工事業，建築工事業，電気工事業，管工事業，舗装工事業の5業種である。

(2) 国，地方公共団体以外が発注する土木一式工事では，いかなる工事においても主任技術者は専任で配置する。

(3) 専任の主任技術者が必要な工事のうち，密接な関係のある二つ以上の工事を同一の建設業者が近接した場所において施工する場合には，同一の専任の主任技術者がこれらの工事を管理することができる。

(4) 監理技術者資格者証を必要とする工事現場では，監理技術者名が掲示されているので，監理技術者資格者証を携帯する必要がない。

解答と解説　建設業の許可基準・技術者制度

○　元請・下請を問わず建設業者は，その請け負った建設工事を施工するときは，当該工事現場の施工の技術上の管理を司どる**主任技術者**を置かなければならない。**特定建設業**において，**4,500万円以上の下請負契約によって施工**する場合には，主任技術者に替えて**監理技術者**を置かなければならない。

(注) **特定建設業**とは，発注者から直接請け負う建設工事を4,500万円以上の下請契約を結んで施工するものをいう。**一般建設業**とは，特定建設業以外の許可を受けた建設業をいう。

(1) 総合的な施工技術を要する土木，建築，電気，管，鋼構造物，舗装，造園工事業の7つの工事業を**指定建設業**という（第15条）。

(2) 公共性のある工事では，主任技術者又は監理技術者は現場ごとに専任の者でなければならない(注)。但し，4,000万円以上の建設工事，8,000万円以上の建築一式工事とする（第26条，**主任技術者及び監理技術者の設置等**）。

(注) 監理技術者の専任の緩和，専門工事一括管理施工制度
　　元請の監理技術者に関し，**監理技術者補佐**（1級技士補）を工事現場に専任で配置した場合，**特例監理技術者**として複数現場（当面2現場）の兼務可能。
　　特定専門工事（下請代金の額が4,000万円未満の鉄筋工事・型枠工事）で，元請負人（一次下請）の主任技術者が下請負人の主任技術者の職務を併せて行う場合，二次下請の主任技術者の設置不要。

(3) 密接な関係にある2つ以上の工事を同一の建設業者が同一又は近接した場所において施工する場合は，同一の専任の**主任技術者**がこれらの工事を管理することができる。但し，専任の監理技術者については適用しない。

(4) **監理技術者**は，発注者から請求があったときは，**監理技術者資格者証**を提示しなければならない。携帯する必要がある。　　　　　**解答**　(3)

関連問題 技術者制度に関して，**誤っているもの**はどれか。

(1) 主任技術者及び監理技術者は，建設業法で措置が義務付けられており，公共工事標準請負契約約款に定められている現場代理人を兼ねることができる。

(2) 発注者から直接建設工事を請け負った特定建設業者は，当該建設工事を施工するために締結した下請契約の請負代金が政令で定める金額以上の場合，工事現場に監理技術者を置かなければならない。

(3) 主任技術者及び監理技術者は，工事現場における建設工事を適正に実施するため，当該建設工事の施工計画の作成，工程管理，品質管理その他の技術上の管理及び当該建設工事に関する下請契約の締結を行わなければならない。

(4) 工事現場における建設工事の施工に従事する者は，主任技術者又は監理技術者がその職務として行う指導に従わなければならない。

解説 技術者制度

(1) **現場代理人及び主任技術者等**（公共工事標準請負契約約款，第10条）：現場代理人，監理技術者等（監理技術者，監理技術者補佐又は主任技術者）及び専門技術者は，これを兼ねることができる。

現場代理人とは，請負契約の的確な履行を確保するため，工事現場の取締りのほか，工事の施工及び契約関係事務に関する一切の事項を処理する者として工事現場に置かれる請負者の代理人をいう。

(2) **主任技術者及び監理技術者の設置等**（第26条）：発注者から直接工事を請け負った特定建設業者は，下請契約の請負代金の総額が4500万円（建築一式工事7000万円）以上となる場合は，主任技術者に替えて**監理技術者**を置かなければならない。

(3) **主任技術者及び監理技術者の職務等**（第26条の3）：主任技術者及び監理技術者は，工事現場における建設工事を適正に実施するため，当該建設工事の施工計画の作成，工程管理，品質管理その他の技術上の管理及び当該建設工事の施工に従事する者の技術上の指導監督の職務を誠実に行わなければならない。下請負人との契約締結はその職務でない。

(4) 工事現場における建設工事の施工に従事する者は，主任技術者又は監理技術者がその職務として行う指導に従わなければならない。

解答 (3)

3・3 建設業法

重要問題55 特定建設業者の義務

建設業法上，発注者から直接工事を請け負った特定建設業者（以下，元請負人という）の義務等に関して，**誤っているもの**はどれか。

(1) 元請負人は，下請負人がその下請負に係る建設工事の施工に関し建設業法の規定に違反しないよう，下請負人の指導に努めなければならない。

(2) 元請負人は，請け負った建設工事を施工するために必要な工程の細目，作業方法を定めようとするときは，あらかじめ，下請負人の意見を聞かなければならない。

(3) 元請負人及び下請負人は，請け負った建設工事の内容及び工期等の事項を記載した施工体制台帳を各々が作成し，備え置かなければならない。

(4) 元請負人は，下請負人から建設工事が完成した旨の通知を受けたときは，通知を受けた日から20日以内に完成検査をしなければならない。

解答と解説　特定建設業者の義務

(3) 発注者から直接工事を請け負った**特定建設業者**は，その工事を施工するために締結した下請契約の請負代金が4,500万円以上となるときは，下請負人の商号又は名称，下請負人が施工する建設工事の内容，工期などを記載した**施工体制台帳**を作成しなければならない（第24条の7，**施工体制台帳及び施工体系図の作成等**）。下請負人が作成することはない（P171参照）。

(1)**下請負人に対する特定建設業者の指導等**（第24条の6），(2)**下請負人の意見の聴取**（第24条の2），(4)**検査及び引渡し**（第24条の4）の規定。

解答 (3)

関連問題　施工体制台帳に関して，**正しいもの**はどれか。

(1) 特定建設業者が施工体制台帳の作成を義務づけられている建設工事において，その下請負人は，請け負った工事を再下請に出すときには，特定建設業者に再下請負人の名称などを通知しなければならない。

(2) 特定建設業者が作成する施工体制台帳は，工事完了後，速やかに廃棄することができる。

(3) 施工体制台帳への記載は，一次下請についてのみ義務づけられており，二次下請以下については省略することができる。

(4) 発注者から直接工事を請け負った特定建設業者は，工事の一部を下請に出す場合には，必ず施工体制台帳を作成しなければならない。

解説　施工体制台帳

○　施工体制台帳，施工体系図については，P171参照のこと。

⑵　工事目的物を引き渡したときから<u>5年間保存</u>しなければならない。

⑶　施工体制台帳は，<u>二次・三次下請等を含め工事の施工にあたる全ての下請</u>
　<u>負人</u>の名称，建設工事内容及び工期を記載しなければならない。

⑷　下請契約の総額<u>4,500万円以上</u>が，施工体制台帳の作成対象となる。

解答　⑴

3・3

建設業法

関連問題　建設工事の請負契約に関して，**誤っているもの**はどれか。

⑴　注文者は，自己の取引上の地位を不当に利用して，その注文した建設
工事を施工するために通常必要と認められる原価に満たない金額を請負
代金の額とする請負契約を締結してはならない。

⑵　請負契約の当事者は，請負契約の内容で工事内容など契約書に記載さ
れている事項を変更するときは，その変更の内容を書面に記載し，署名
又は記名押印をして相互に交付しなければならない。

⑶　注文者は，建設工事の請負契約を締結する以前，又は入札を行う以前
に，工事内容，請負代金の額，工事着手の時期及び工事完成の時期等に
ついてできる限り具体的な内容を提示しなければならない。

⑷　注文者は，請負契約を締結後，自己の取引上の地位を不当に利用し
て，その注文した建設工事に使用する資材，機械器具又はこれらの購入
先を指定し，これらを請負人に購入させてその利益を害してはならない。

解説　建設工事の請負契約

○　建設工事の請負契約の当事者は，各々の対等な立場における合意に基づい
て公正な契約を締結し，信義に従って誠実に履行しなければならない。
　　（第18条，**建設工事の請負契約の原則**）

⑶　建設工事の注文者は，請負契約を締結する以前に，<u>請負代金の額を除き</u>，
工事内容，工事着工の時期及び工事完成の時期，請負代金の支払の時期及び
方法等の事項について，できる限り具体的な内容を提示し，見積りをするた
めに必要な一定の期間を設けなければならない（第20条，**建設工事の見積り
等**）。請負代金の額は含まれない。

　　なお，⑴第19条の3（**不当に低い請負代金の禁止**），⑵第19条（工事内容，
請負代金の額などの**建設工事の請負契約の内容**），⑷第19条の4（**不当な使
用資材等の購入強制の禁止**）。

解答　⑶

重要問題56 道路の占用許可，車両制限令

道路法の定めに関して，**誤っているもの**はどれか。

(1) 下水道法の規定に基づく下水道管を道路に設けようとする者は，道路占用許可を受ける場合，工事開始日の1ヶ月前までに，あらかじめ当該工事の計画書を道路管理者に提出しなければならない。

(2) 道路の占用許可が必要となる工事においては，その申請書の提出は当該地域を管轄する警察署長を経由して行わなければならない。

(3) 占用に関する工事で道路を掘削する場合，掘削面積は当日中に復旧可能な範囲としなければならないが，覆工を施すなど道路の交通に著しい支障を及ぼすことのないように措置した場合はこの限りでない。

(4) 道路管理者以外の者が，工事用車両の出入りのために歩道切下げ工事を行う場合は，道路管理者の承認を受ける必要がある。

解答と解説 道路占用許可，道路使用許可

(2) **道路法**の規定により，工事用板囲，足場，工事用材料置場等を道路に設ける場合，**道路占用許可**を道路管理者から受けなければならない。また，**道路交通法**の規定に基づく，道路上で工事，作業をする場合には，**道路の使用許可**を所轄警察署長から受けなければならない。この場合，警察署長から道路管理者に占用許可申請書を，また道路管理者から警察署長に道路の使用許可申請書を送付してもらうことも可能である。

　なお，(4)は**道路管理者以外の者の行う工事**（第24条）の規定。

解答 (2)

関連問題 道路法における車両の制限に関して，**正しいもの**はどれか。

(1) 車両の総重量の最高限度は，高速自動車国道以外の道路，又は道路管理者が道路の構造の保全及び交通の危険の防止上支障がないと認めて指定した道路以外の道路を通行する場合は，20tと定められている。

(2) 道路を通行する車両の一般的制限のうち，最小回転半径の最高限度は，車両の最内側のわだちについて12mと定められている。

(3) 国の管理する国道と県が管理する県道を特殊車両で通行する時は，それぞれの道路管理者に許可の申請をしなければならない。

(4) 軸重の最高限度は5t，輪荷重の最高限度は10tと定められている。

解説 **車両の最高制限**

① 幅　：2.5 m
② 重量：(イ) 総重量最大 25 t
　　　　(ロ) <u>軸　重 10 t</u>
　　　　(ハ) <u>輪荷重 5 t</u>
③ 高さ：3.8 m
④ 長さ：12 m
⑤ 最小回転半径：車両の<u>最外</u>
　　側のわだちについて 12 m

> 総重量 20t 超
> の車両は，当面，
> 高速自動車国道
> 及び管理者の
> 指定する道路
> のみ通行可能！

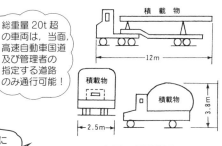

> 輪荷重とは車輪の荷重が一点に
> 集中的に作用する荷重。軸重とは
> 輪荷重を１組にまとめた荷重。

車両の最高限度

(1) その他の道路は 20 t である。なお，(3)<u>いずれかの管理者でよい</u>。全部又は
一部が市町村道以外の道路であるときは<u>市町村道以外の道路管理者の許可</u>
を，すべてが市町村道の場合はそれぞれの管理者の許可を受ける。

解答 (1)

関連問題 車両制限令の定めに関して，**正しいもの**はどれか。

(1) カタピラを有する自動車が舗装道路を通行できるのは，その自動車が
道路の除雪のために使用される場合に限られている。

(2) 車両には，他の車両をけん引している場合にあっては当該けん引され
ている車両は含まれない。

(3) 特殊な車両が道路管理者の異なる２以上の道路を通行する場合の許可
の権限は，当該の各道路管理者別に行使するものと定められている。

(4) 道路を走行する車両については，車両の幅，重量，高さ，長さ及び最
小回転半径の最高限度が定められている。

解説 **車両制限令の規定**

(1) 舗装道を通行する自動車は，次の場合を除きカタピラを有してはならな
い。但し，次の場合は，この限りではない。

① その自動車のカタピラの構造が路面を損傷するおそれのない場合。

② その自動車が当該道路の除雪のために使用される場合。

③ 路面を損傷しないように必要な措置がとられている場合。

(2) **車両**とは，人が乗車し，貨物が積載されている場合にあってはその状態に
おけるものをいい，<u>他の車両をけん引している場合にあっては当該けん引さ</u>
<u>れている車両を含む。</u>

解答 (4)

重要問題57 **河川の使用及び規制**

　河川法に定める河川の管理に関して，**誤っているもの**はどれか。

⑴　河川管理者は，洪水により危険が切迫した緊急時には，事前に所有者の承諾を得なくとも水防活動の現場において必要な土地や資機材を使用することができる。

⑵　河川保全区域は，河川区域に隣接して指定される区域であり，当該区域内における行為にも河川管理者の許可が必要な場合もある。

⑶　1級河川及び2級河川の指定は河川の重要度に基づいて行われるものであり，一般に，同一の水系では市街地を流れる中・下流区間は1級河川，山間地を流れる上流区間は2級河川に指定されている。

⑷　河川整備基本方針は，計画高水流量その他当該河川の河川工事・河川の維持についての基本となるべき方針に関する事項を定めたものである。

解答と解説 **河川の管理**

⑶　**1級河川**は，国土保全上又は国民経済上特に重要なものとして，国土交通大臣が指定した区間で，**2級河川**は1級河川以外の水系で都道府県知事が指定した区間をいう。水系ごとに指定され，1級水系において2級河川はあり得ない。1級河川の河川管理者は，国土交通大臣であるが，大臣が指定した区間については，都道府県知事又は政令指定都市の長が管理の一部を行う。なお，⑴**洪水時等における緊急措置**（第22条）の規定

解答 ⑶

関連問題 河川区域内における行為のうち，河川法の許可を**必要としないもの**はどれか。

⑴　吊橋，電線等土地に固着せず，上空だけを使用する場合
⑵　河川管理に必要な土地の掘削をする場合
⑶　サイホン，トンネル等，地下に埋設される工作物を新設する場合
⑷　河川管理者の行う河川工事に必要な土砂を他の河川から採取する場合

解説 **河川の使用及び規制**

○　**河川工事**とは，河川管理者が河川の流水によって公利を増進し，公害を除去・軽減するために河川について行う工事をいう。河川管理者以外の各事業者が行う発電・上水道用ダム工事，道路管理者が行う橋梁工事等は，それが

河川区域内で施工されても，河川管理者以外が行う**その他工事**であり，河川管理者の許可が必要となる。

⑴ **土地の占用の許可**（第24条）：河川区域内の土地を占用しようとする者は，河川管理の許可を受けなければならない。河川区域内の地表に定着するものに限らず上空や地下にも適用される。

⑵ **土地の掘削等の許可**（第26条）：河川区域内の土地において土地の掘削，盛土・切土その他土地の形状を変更しようとする者は，河川管理者の許可を受けなければならない。河川工事又は河川維持のための土砂等の採取については，河川の管理行為そのものとみなされ，許可を必要としない。また許可を得た工作物の新築等を行うための土地の掘削等の行為も許可を必要としない。

⑶ **工作物の新築等の許可**（第26条）：河川区域内の土地に工作物を新築・改築又は除去しようとする者は，河川管理者の許可を受けなければならない。地表だけでなく，上空や地下に設ける工作物も対象となる。

⑷ **土石等の採取の許可**（第25条）：河川区域内の土地（民有地を除く）において土石を採取しようとする者は，河川管理者の許可を受けなければならない。河川の管理行為そのもので許可を要しないが，他の河川から採取するのであれば許可が必要である。

解答 ⑵

表3・4　河川法上の許可事項

		許可が必要なもの	許可が不必要なもの
河川区域における行為	土地の占用 （法第24条）	国有地の占用 ①公園や広場，鉄塔，橋台，電柱や工事用道路などを設置する場合 ②土地の上空に高圧線，電線，橋梁や吊り橋などを架設する場合 ③地下にサイホン，下水処理施設や光ケーブルなどを埋設する場合 （上空や地下の利用も対象）	民有地の占用
	土石等の採取 （法第25条）	国有地における土石，砂，竹木，あし，かや等を採取する場合	民有地における採取 砂鉄などその他の産出物の採取
		掘削が伴う土石の採取 ①工事で発生した土石等を他の工事に使用，又は他に搬出する場合	河川工事のため現場付近で行う採取，又は同一河川内の河川工事に使用
	工作物の新築等 （法第26条）	工作物の新築，改築，除去をする場合 （上空や地下の工作物も対象 仮設工作物，現場事務所も対象）	河川工事のため資機材運搬施設や河川区域に設けざるを得ない足場，板がこい，標識等
	土地の掘削等 （法第27条）	土地の掘削，盛土，切土，その他土地の形状を変更する行為	法第26条の許可を得た工作物の新築等を行うための掘削等
		竹木の栽植・伐採	耕うん

3・5 河川法

重要問題58 確認申請，仮設建築物

次に示す建築物（工作物等を含む）を新設する場合に建築基準法上，確認申請を**必要としないもの**はどれか。

(1) 都市計画区域内における延べ面積が 50 m² の小規模な建築物

(2) 高さ 5 m の広告塔

(3) 観光用のエレベータ設備

(4) 道路工事を施工するために工事期間中現場に設ける事務所

解答と解説　確認申請

(4) **確認申請**（第 6 条）：建築主は，工事着手前に建築計画が法律並びに命令及び条例の規定に適合する事の申請をし，**建築主事**の確認を受けなければならない。都市計画区域内のほとんどの建築物，一定の工作物（煙突，広告塔，高架水槽，擁壁など）及び建築設備（エレベータ，エスカレータ）など。なお，(4)の仮設建築物は，緩和規定（第85条）で確認申請を要しない。

解答 (4)

関連問題 建築基準法上，工事を施工するために現場に設ける延べ面積 40 m² の仮設事務所の建築に関して，**正しいもの**はどれか。

(1) 建築物の敷地，構造及び建築設備等の計画については，確認申請を提出して建築主事の確認を受けなければならない。

(2) 湿潤な土地など又はごみ等で埋め立てられた土地に建築物を建築する場合には，盛土，地盤の改良その他衛生上又は安全上必要な措置を講じなければならない。

(3) 防火地域又は準防火地域内の建築物の屋根の構造は，政令で定める技術基準に適合するもので，国土交通大臣の認定を受けたものとしなければならない。

(4) 建築物の電気設備は，法律又はこれに基づく命令の規定で電気工作物に係る建築物の安全及び防火に関するものの定める工法によって設けなければならない。

解説　仮設建築物

○ **仮設建設物に対する制限の緩和**（第85条）：工事を施工するために現場に設ける事務所，下小屋，材料置場その他これらに類する**仮設建築物**について

は，建築基準法の一部が緩和される。

(1)　**仮設建築物**については，**確認申請**（第6条）は必要としない。

(2)　**建築物の敷地**は，周囲の道の境より高くなければならず，建築物の地盤面は，これに接する周囲の土地より高くなければならない。湿地な土地，出水のおそれの多い土地又はごみ等で埋め立てた土地に建築物を建築する場合には，盛土，地盤の改良その他衛生上又は安全上必要な措置を講じなければならない（第19条，**敷地の衛生及び安全**）。

　　この規定は，仮設建築物については，適用されない。

(3)　防火地域又は準防火地域内の建築物の**屋根の構造**は，政令で定める技術基準に適合するもので，国土交通大臣の認定を受けたものとしなければならない（第62条，**屋根**）。但し，この規定は，延べ面積が50 m²を超えるものについてのみ適用される。

(4)　建築物の**電気設備**は，法律又はこれに基づく命令の規定で電気工作物に係る建築物の安全及び防火に関するものの定める工法によって設けなければならない（第32条，**電気設備**）。緩和規定ではない。

解答　(4)

3
・
6

建築基準法

表3・5　仮設建築物に対する建築基準法の主な適用・不適用一覧

区分	条　文	内　　　容
法が適用されない主な規定	第6条	建築確認申請手続き
	第7条	建築工事の完了検査
	第15条	建築物を新築又は除却する場合の届出
	第19条	建築物の敷地の衛生及び安全に関する規定
	第43条	建築物の敷地は道路に2m以上接すること
	第48条	用途地域ごとの制限
	第52条	延べ面積の敷地面積に対する割合（容積率）
	第53条	建築面積の敷地面積に対する割合（建ぺい率）
	第55条	第1種低層住居専用地域等の建築物の高さ
	第61条	防火地域及び準防火地域内の建築物
	第62条	防火地域又は準防火地域内の屋根の構造（50m²以内）
	［第3章］	〔集団規定：都市計画区域，準都市計画区域等における建築物の敷地，構造，建築設備に関する規定〕
法が適用される主な規定	第5条の6	建築士による建築物の設計及び工事監理
	第20条	建築物は，自重，積載荷重，積雪，風圧，地震等に対する安全な構造
	第28条	事務室等には採光及び換気のための窓の設置
	第29条	地階における住宅等の居室の防湿措置
	第32条	電気設備の安全及び防火
	第62条	防火地域又は準防火地域内の屋根の構造（50m²を超える） ①不燃材料で造るか又はふく ②準耐火構造の屋根（屋外に面する部分を準不燃材料で造ったもの） ③耐火構造の屋根（屋外に面する部分を準不燃材料で造ったもので屋根勾配が30度以内のもの）の屋外面に断熱材及び防火材を張る

重要問題59　騒音の規制基準

騒音規制法に定める特定建設作業に**該当するもの**はどれか。

ただし，当該作業がその作業を開始した日に終わるものを除く。

(1) 一定限度を超える騒音を発生しないものとして環境大臣が指定するものを除く原動機の定格出力が40 kW以上のブルドーザを使用する作業

(2) 一定限度を超える騒音を発生しないものとして環境大臣が指定するものを除く原動機の定格出力が80 kW未満のバックホウを使用する作業

(3) 電動機を原動機とする空気圧縮機を使用する作業

(4) 削岩機を使用し，1日の作業に係る2地点間の最大移動距離が50 mを超える作業

[解答と解説]　騒音規制法における特定建設作業

　特定建設作業とは，建設工事のうち，著しい騒音を発生する作業で，**指定地域内**で行われるものをいう。特定建設作業には，杭打ち機（もんけんを除く），びょう打ち機，コンクリートプラント（混練容量0.45 m³以上），アスファルトプラント（原動機の定格出力15 kW以上），トラクターショベル（原動機の定格出力70 kW以上）等を使用する作業が該当し，合計8種類がある。表3・6参照。

[解答]　(1)

[関連問題]　騒音規制法に定める特定建設作業に関して，**誤っているもの**はどれか。

(1) 市町村長は，特定建設作業を伴う建設工事を施工する者が改善勧告に従わないときは，騒音防止方法の改善又は作業時間の変更を命ずることができる。

(2) 特定建設作業は，建設工事として行われる作業のうち，著しい騒音を発生する作業であって政令で定めたものをいう。

(3) 市町村長は，騒音を防止することにより住民の生活環境を保全する必要があると認める地域を，特定建設作業に伴って発生する騒音について規制する地域として指定しなければならない。

(4) 市町村長は，特定建設作業を伴う建設工事を施工する者に対し，特定建設作業の状況その他必要な事項の報告を求めることができる。

解説　地域の指定

(3)　**地域の指定**（第3条）：**都道府県知事**は，住居が集合している地域，病院又は学校の周辺の地域等住民の生活環境を保全する必要があると認める地域を，特定建設作業に伴って発生する騒音について規制する地域として指定しなければならない。指定地域内で特定建設作業を伴う建設工事を施工する元請業者は，当該作業の開始日の7日前までに**市町村長**に届け出なければならない。

　　なお，⑴は**改善勧告及び改善命令**（第15条）の規定，⑵は**定義**（第2条）の規定，⑷は**報告・検査**（第20条）の規定である。騒音振動対策，P216参照。

解答　(3)

3・7　騒音規制法・振動規制法

表3・6　特定建設作業の騒音の規制基準（令第2条）

特定建設作業 \ 規制の内容		騒音の大きさ	夜間又は深夜作業の禁止	1日の作業時間の制限	作業期間の制限	日曜日その他休日の作業禁止
①　杭打機，杭抜機，杭打杭抜機を使用する作業	もんけん（人力によるもの）圧入式杭打杭抜機及び杭打機をアースオーガと併用する作業を除く	85 dB	1号区域午後7時から翌日午前7時まで　2号区域午後10時から翌日午前6時まで	1号区域1日につき10時間　2号区域1日につき14時間	同一場所において連続6日間	日曜日，その他の休日
②　びょう打機を使用する作業						
③　削岩機を使用する作業	作業地点が連続的に移動する作業にあっては1日の当該作業における2地点間の最大距離が50mを超えない作業					
④　空気圧縮機を使用する作業	電動機以外の原動機を用いるものであって，定格出力が15kW以上のもの。（削岩機の動力として使用する作業を除く）					
⑤　コンクリートプラント又はアスファルトプラントを設けて行う作業	混練機の混練量がコンクリートプラントは0.45 m³以上，アスファルトプラントは200kg以上のもの。（モルタル製造のためにコンクリートプラントを設けて行う作業を除く）					
⑥　バックホウ ⑦　トラクタショベル ⑧　ブルドーザーを使用する作業	バックホウ（原動機の定格出力80 kW以上）トラクタショベル（原動機の定格出力70 kW以上）ブルドーザ（原動機の定格出力40 kW以上）					

　　災害等の非常の場合は，騒音の大きさ以外の規定は適用しない！

（備考）
1. 騒音の大きさは，特定建設作業の場所の敷地の境界線において測定する。
2. 第1号区域
　イ）良好な住居の環境を保全するため，特に静穏の保持を必要とする区域。
　ロ）住居の用に供されているため，静穏の保持を必要とする区域。
　ハ）住居の用に併せて商業，工業等の用に供されている区域であって，相当数の住居が集合しているため，騒音の発生を防止する必要がある区域。
　ニ）学校，保育所，病院，診療所，図書館並びに特別養護老人ホームの敷地の周囲概ね80mの区域内。
　　第2号区域，上記以外の区域
3. 騒音の大きさが基準を超えた場合，10時間，14時間から4時間までの範囲で作業時間を変更させることができる。

重要問題60　振動の規制基準

　振動規制法による指定地域内で次の作業をいずれも2日間行った。特定建設作業に**該当しないもの**はどれか。

(1)　鋼球を使用してボックスカルバートを破壊する作業

(2)　作業地点から1日100 m以上連続的に移動する締固めを，8 tの振動ローラを用いて行う作業

(3)　ジャイアントブレーカーで，橋台1基のパラペットの取壊しを行う作業

(4)　工事延長40 mの区間の舗装版取壊しを，舗装版破砕機を使用して行う作業

解答と解説　振動規制法における特定建設作業

○　振動規制法で定める**特定建設作業**の種類は，表3・7に示す作業で**指定地域**内で行われるものをいう。但し，作業を開始した日に終るものを除く。

表3・7　特定建設作業の振動の規制基準（令第2条）

特定建設作業	規制の内容	振動の大きさ	夜間又は深夜作業の禁止	1日の作業時間の制限	作業期間の制限	日曜日その他休日の作業禁止
① 杭打機，杭抜機又は杭打杭抜機を使用する作業	もんけん（人力によるもの）及び圧入式杭打機，油圧式杭打機，圧入式杭打杭抜機を除く。	75dB	1号区域午後7時から翌日午前7時まで	1号区域1日につき10時間	連続して6日を超えて振動を発生させた場合	日曜日又は祭日等に振動を発生させた場合
② 鋼球を使用する破壊作業			2号区域午後10時から翌日午前6時まで	2号区域1日につき14時間	災害等の非常の場合は，振動の大きさ以外の規定は適用しない！	
③ 舗装版破砕機を使用する作業	作業地点が連続的に移動する作業にあっては，1日における当該作業に係る2地点間の最大距離が50mを超えない作業。					
④ ブレーカ（手持式のものを除く）を使用する作業	作業地点が連続的に移動する作業にあっては，1日における当該作業に係る2地点間の最大距離が50mを超えない作業。					

（備考）
1．振動の大きさは，特定建設作業の場所の敷地の境界線において測定する。
2．第1号区域
　イ）良好な住居の環境を保全するため，特に静穏の保持を必要とする区域。
　ロ）住居の用に供されているため，静穏の保持を必要とする区域。
　ハ）住居の用に併せて商業，工業等の用に供されている区域であって，相当数の住居が集合しているため，振動の発生を防止する必要がある区域。
　ニ）学校，保育所，病院，診療所，図書館並びに特別養護老人ホームの敷地の周囲概ね80mの区域内。
　第2号区域，上記以外の区域
3．振動の大きさが基準を超えた場合，10時間，14時間から4時間までの範囲で作業時間を変更させることができる。

(2)　振動ローラを用いる作業は，該当しない。　　　**解答**　(2)

関連問題 振動規制法に定める特定建設作業に関して，**正しいものはどれか。**

(1)　振動の規制基準は，特定建設作業の振動が，作業場所の敷地境界線において80dB を超える大きさのものでないことである。

(2)　圧入式杭打ち杭抜き機を使用する作業は，特定建設作業に該当する。

(3)　特定建設作業の振動の時間規制は，災害その他非常事態の発生により特定作業を緊急に行う必要がある場合には，適用されない。

(4)　特定建設作業を行う者は，原則として特定建設作業の開始日の14日前までに，所定の事項を労働基準監督署長に届け出なければならない。

解説 **特定建設作業の規制**

(1)　特定建設作業の場所の敷地の境界線において，75 dB を超えないこと。

(2)　圧入式杭打ち杭抜き機を使用する作業は，特定建設作業に該当しない。

(3)　災害その他非常事態の発生により特定建設作業を緊急に行う必要がある場合には，振動の大きさ以外の規制基準は適用されない。

(4)　指定地域内において特定建設作業を伴う建設工事をしようとする者は，作業開始7日前までに，市町村長に届け出なければならない。　　**解答** (3)

表3・8　特定建設作業

項　目	騒　音　規　制　法	振　動　規　制　法
特定建設作業の種類	① 杭打ち機を使用する作業（アースオーガー併用を除く） ② びょう打ち機を使用する作業 ③ 削岩機を使用する作業 ④ 空気圧縮機を使用する作業 ⑤ コンクリートプラント，アスファルトプラントを設けて行う作業 ⑥ バックホウ ⑦ トラクターショベル ⑧ ブルドーザを使用する作業	① 杭打ち機を使用する作業（アースオーガー併用を含む） ② 鋼球を使用する破壊作業 ③ 舗装版破砕機を使用する作業 ④ ブレーカー（手持式を除く）を使用する作業
規制に関する騒音又は振動の大きさの基準	特定建設作業の種類にかかわらず1つの基準が設定されている。上記①～⑧の作業　　85 dB(A)	特定建設作業の種類にかかわらず1つの基準が設定されている。上記①～④の作業　　75 dB
測　定　場　所	敷地の境界	
改　善　勧　告 改　善　命　令	基準を超える場合の1日の作業時間は10時間又は14時間から4時間までの範囲で短縮される場合がある。	

(注) 騒音規制法，振動規制法に定める地域の指定，特定建設作業の実施の届出，非常時における特定建設作業，改善勧告・命令，報告・検査等は共通である。

重要問題61 港則法，火薬類取締法

港則法に関して，**正しいもの**はどれか。

(1) 汽船が港の防波堤の入口で他の汽船と出会うおそれのあるときは，出航する汽船は，防波堤の内側で待機し入港する汽船の進路を避けなければならない。

(2) 船舶は，航路内において他の船と行き会うときは，右側を航行しなければならない。

(3) 船舶は，航路内においては，運転の自由を失った場合といえども，えい航している船を放してはならない。

(4) 特定港内で工事をしようとする者は，港長の許可を受けなくてよい。

解答と解説 航路・航法，水路の保全

○ **港則法**は，港内における船舶交通の安全及び港内の整とんを図ることを目的とする（第1条，**法律の目的**）。

(1) 汽船（動力船）が港の防波堤の入口又は入口付近で他の汽船と出会うおそれがある場合は，<u>入港する汽船は防波堤の外で出港する汽船の進路を避け</u>なければならない，出船優先（第15条，**防波堤入口付近の航行**）。

(2) **航路内の航法**（第14条）：汽艇等（小型の船舶）以外の船舶は，特定港（きっ水の深い船舶が出入できる港）に出入するときは次による。

　① 船舶が航路外から航路に出入する場合，航路内の船舶の進路を避ける。

　② 船舶は，航路内において並列して航行してはならない。

　③ 船舶は，航路内で他の船舶と行き会うときは，右側を航行する。

　④ 船舶は，航路内において他の船舶を追い越してはならない。

(3) **航路内における投びょう等の制限**（第13条）：船舶は，航路内においては，次の場合を除いては，投びょう又はえい航している船舶を放してはならない。

　① 海難を避けようとするとき。

　② <u>運転の自由を失ったとき。</u>

　③ 人命又は急迫した危険のある船舶の救助に従事するとき。

　④ 港長の許可を受けて工事又は作業に従事するとき。

(4) **港内における工事等の許可**（第31条）：特定港又は特定港の境界付近で工事又は作業をしようとする者は，港長の許可を受けなければならない。

解答 (2)

関連問題 火薬類の取扱い等に関して，火薬類取締法令上，**誤っている**ものはどれか。

(1) 火薬類を取り扱う者は，その所有し，又は占有する火薬類，譲渡許可証，譲受許可証又は運搬証明書を喪失したときは，遅滞なくその旨を都道府県知事に届け出なければならない。

(2) 火薬類の発破を行う場合には，発破場所に携行する火薬類の数量は，当該作業に使用する消費見込量をこえてはならない。

(3) 火薬類の発破を行う発破場所においては，責任者を定め，火薬類の受渡し数量，消費残数量及び発破孔に対する装てん方法をそのつど記録させなければならない。

(4) 多数斉発に際しては，電圧並びに電源，発破母線，電気導火線及び電気雷管の全抵抗を考慮した後，電気雷管に所要電流を通じなければならない。

解答と解説 火薬類の取扱い

(1) **事故届等**（第46条）：製造業者，販売業者，消費者その他火薬類を取り扱う者は，その所有し又は占有する火薬類，譲渡許可証，譲受許可証又は運搬証明書を喪失し又は盗取されたときは，遅滞なく<u>警察官又は海上保安官</u>に届け出なければならない。

表3・9　**火薬の取扱い**（則第51条）

項　目	技　術　上　の　基　準
容　器	① 木その他電気不良導体で丈夫な構造とし，内面に鉄類を表さない。 ② 火薬，爆薬，導火線と火工品は別々の容器に入れる。 　火工所で火工した親ダイと増ダイは別々の容器で運搬する。
運　搬	① 衝撃等に安全な措置をする。 ② 工業雷管，電気雷管又はこれらを取り付けた薬包は，背負袋，背負箱等を使用する。 ③ 乾電池その他電路の裸出している電気器具を携行しない。
検査・融解	使用前に凍結，吸湿，固化その他異常の有無の検査をする。 ① 凍結したダイナマイト等は，50°以下の温湯を外槽に使用した融解器で，30°以下に保った室内において融解する。 ② 固化したダイナマイト等は，もみほぐす。
数量制限	消費場所に持ち込む量は，1日の消費見込量以下とする。
取扱所経由	消費場所に持ち込む火薬類は火薬取扱所又は火工所を経由し記帳する。
禁　止	① 裸火，ストーブ，蒸気管その他高熱源に近づけない。取り扱う所付近では，禁煙し，火気を使用しない。 ② 火薬類取扱所，火工所又は発破場所以外の場所に火薬類を存置しない。 ③ 電灯線，動力線その他漏電のおそれのあるものを近づけない。
識別措置	① 火薬類を取り扱う場合には，腕章を付ける。 ② 識別措置をしている者以外は，火薬類を取り扱うことはできない。

なお，(3)**発破**（則第53条），(4)**電気発破**（則第54条）の規定。　**解答** (1)

|資料| 建設業の種類

◎ 建設業の許可制度は，手続区分による大臣許可・知事許可，また請け負うことのできる工事規模による一般建設業許可・特定建設業許可である。

◎ 建設業の許可は，土木一式工事と建築一式工事の2つの一式工事と27の専門工事に分類され，それぞれの工事に対応した29の業種別ごとに許可を受ける。

工事の種類	建設業の種類	工事の種類	建設業の種類
土木一式工事	土木工事業※☆	板金工事	板金工事業
建築一式工事	建築工事業※	ガラス工事	ガラス工事業
大工工事	大工工事業	塗装工事	塗装工事業☆
左官工事	左官工事業	防水工事	防水工事業
とび・土工・コンクリート工事	とび・土工工事業☆	内装仕上工事	内装仕上工事業
石工事	石工事業☆	機械器具設置工事	機械器具設置工事業
屋根工事	屋根工事業	熱絶縁工事	熱絶縁工事業
電気工事	電気工事業※	電気通信工事	電気通信工事業
管工事	管工事業※	造園工事	造園工事業※
タイル・れんが・ブロック工事	タイル・れんが・ブロック工事業	さく井工事	さく井工事業
		建具工事	建具工事業
鋼構造物工事	鋼構造物工事業※☆	水道施設工事	水道施設工事業☆
鉄筋工事	鉄筋工事業	消防施設工事	消防施設工事業
舗装工事	舗装工事業※☆	清掃施設工事	清掃施設工事業
浚渫工事	浚渫工事業☆	解体工事	解体工事業☆

※ **指定建設業**（7業種）：建設業29業種のうち，総合的な施工技術を要するもの。特定建設業（土木工事業，鋼構造物工事業，舗装工事業）にあっては，監理技術者，専任技術者は1級土木技術者に限定される。

☆ **土木工事関係9業種**：1級土木施工管理技士の資格で現場の監理技術者（主任技術者）又は特定建設業（一般建設業）の営業所の専任技術者となり得る業種。

（注）**土木一式工事，建築一式工事**：総合的な企画・指導・調整のもと，複数の専門工事を組合せで行う工事。

◎ 建設業の許可を受けなくてもよい軽微な工事
　下記の建設工事のみを請け負うものは，建設業の許可を必要としない。
　① 工事1件の請負代金が1,500万円未満の建築一式工事。
　② 延べ面積150 m²未満の木造住宅工事。
　③ 請負代金500万円未満の建築一式以外の建設工事。

第4章

共通工学

[必須問題・問題B]

内容

1. 測　量
2. 設計図書・契約
3. 機　械

対策

1. 施工管理のうち，建設工事を行う上で必要な工学全般及び契約（共通工学）に関して一般的な知識が問われる。

4問出題，すべて必須。測量（1題），設計図書・契約（2題），機械（1題）

重要問題62　公共測量

公共測量に関して，**適当でないもの**はどれか。

(1) 基準点測量は，既知点に基づき，新点である基準点の位置又は標高を定める作業をいう。

(2) 公共測量に用いる平面直角座標系のY軸は，原点において子午線に一致する軸とし，真北に向かう値を正とする。

(3) 電子基準点は，GPS観測で得られる基準点で，GNSS（衛星測位システム）を用いた盛土の締固め管理に用いられる。

(4) 水準点は，河川，道路，港湾，鉄道などの正確な高さの値が必要な工事での測量基準として用いられ，東京湾の平均海面を基準としている。

解答と解説　公共測量

○ **公共測量**とは，国又は公共団体が費用を負担して実施する測量をいう。

(2) **平面直角座標**は，日本固有の座標系でGNSS測量で得られる三次元直交座標を平面座標に変換したものである。19の座標系の各測量区域ごとに座標原点をとり，原点を通る子午線をX軸，X軸に直交するY軸を基準として**水平位置**を表す。高さはジオイド面（東京湾平均海面）からの**標高**で表す。

なお，(3)**電子基準点**は，GNSS観測に用いられる高精度の基準点であり，盛土工の締固め管理等，**情報化施工**（ICT, Information and Communication Technology：GNSS衛星を用いる建設機械の自動化技術）に利用されている。

解答 (2)

関連問題　各種測量機に関して，**適当でないもの**はどれか。

(1) トータルステーション（TS）は，従来のセオドライトと光波測距儀を一体化したもので，測角と測距を同時に行うことができる。

(2) 光波測距儀による距離測定には，光波を発信・受信する光波測距儀と光波を反射する反射プリズムとが用いられる。

(3) GNSS測量機は，人工衛星からの電波を受信する測量機で，受信点の座標や受信点間の相対的な位置関係を求めることができる。

(4) 電子レベルは，観測者に代わってディテクター・ダイオード・アレーがバーコードを識別し，そのパターンを自動的に解読することにより標尺の読定値が得られるが，機械と標尺間の距離測定はできない。

解答と解説 **公共測量に使用される各種測量機**

⑴, ⑵　**トータルステーション**（TS）は，セオドライト（測角部）と光波測距儀（測距部）を一体化したもので，１視準で水平角・鉛直角及び距離を同時に測定できる。なお，**光波測距儀**は，光波を発射させ２点間を往復する発射波と反射波との位相差及び光波の波長から距離を求めるものである。

⑶　**GNSS測量**は，人工衛星からの電波を用いて位置を決定する衛星測位システムで，GPS, GLONASS, 準天頂衛星が用いられる。

⑷　**電子レベル**は，**自動レベル**（自動補正装置により，自動的に視準線が水平となる構造）の機能に標尺の自動読み取り機能を追加したものである。専用標尺（バーコード標尺）に刻まれたパターンをディテクター（探知装置），ダイオード（整流半導体素子），アレー（配列変数）で識別・電子画像処理し，電子レベル内のパターンと比較して，高さ及び距離を自動的に求める。

解答 ⑷

関連問題 TS（トータルステーション）を用いて行う測量に関して，**適当でないもの**はどれか。

⑴　鉛直角観測は，１視準１読定，望遠鏡正及び反の観測１対回とする。

⑵　水平角観測は，対回内の観測方向数を10方向以下とする。

⑶　観測の記録は，データコレクタを用いるが，これを用いない場合には観測手簿に記載するものとする。

⑷　距離測定に伴う気象補正のための気温，気圧の測定は，距離測定の開始直前，又は終了直後に行うものとする。

解説 **トータルステーション（TS）**

⑴　望遠鏡の正・反で角を１回ずつ測定することを**対回観測**という。
　　観測は，１視準１読定，望遠鏡正・反の観測を**１対回**とする。

⑵　**方向観測法**は，１点の周りに複数の測点があるとき，正・反の対回観測で水平角を求めるもので，対回内の観測方向数は5方向以下とする。観測の良否は，水平角では**倍角差**，**観測差**で，鉛直角は**高度定数**で判定する。

⑷　大気中での光の速度は，気温・気圧・湿度により変化するので**気象補正**を行う。測定の開始直前又は終了直後に行うものとする。

解答 ⑵

重要問題63 角測量（セオドライト）

トータルステーションによる測量に関して，**適当でないもの**はどれか。

(1) トータルステーションで直接観測若しくは測定しているものは，水平角，鉛直角及び水平距離である。

(2) 水平角観測が1対回（望遠鏡正位と望遠鏡反位の1組の観測）の場合，望遠鏡正位と望遠鏡反位の観測結果の較差（同一目標の正位，反位の秒位の差）により観測値の良否を判定する。

(3) 鉛直角観測値は，観測点と視準点との高低差の算出にも用いられる。

(4) 距離測定が2回測定の場合，較差により測定値の良否を判定する。

解答と解説 トータルステーション（TS）による測量

(1) トータルステーションは，光波測距儀の測距機能と，読取り機能の電子化されたセオドライトの測角機能とを併せもった測量機械である。水平角，鉛直角及び斜距離の測定値をデジタル化して記録される。

解答 (1)

関連問題 TS及びGNSS測量機を用いる1級基準点測量に関して，**適当でないもの**はどれか。

(1) TSによる観測では，器械の重さによる三脚のねじれや器械の沈下を起こしやすいので必要に応じて脚杭などを設ける。

(2) TSによる観測では，気温，気圧などの気象測定は距離測定の観測開始直前か終了直後に行う。

(3) GNSS測量機を用いた観測においては，GPS衛星のみを使用する場合は2衛星のGPS衛星の電波を受信する。

(4) GNSS測量機による観測では，森林地帯など電波障害の影響を受ける場所では，要求する測量精度が十分に得られない場合もある。

解説 GNSS測量（衛星測位システム）

(3) **GNSS測量**とは，人工衛星からの信号を用いて位置を決定する衛星測位システムの総称で，GPSが代表的である。GPS測量では，4個以上の衛星からの信号を同時に受信し，受信点の位置を求める。なお，アンテナ周辺の自動車等によるマルチパス（多重反射）や雑音電波により電波障害が生じる場合がある。

解答 (3)

<blockquote>

関連問題 セオドライトの器械誤差に関して，**適当でないもの**はどれか。

(1) 視準軸誤差は，視準線が水平軸に直交していないために生ずる誤差で，望遠鏡正・反の測定では消去できない。

(2) 鉛直目盛の指標誤差は，器械・器具の固有の誤差で，望遠鏡正・反の測定で消去できる。

(3) 水平軸誤差は，水平軸が鉛直軸に直交していないために生ずる誤差で，望遠鏡正・反の測定で消去できる。

(4) 視準軸の外心誤差（偏心誤差）は，視準軸が器械の回転中心と一致しないために生ずる誤差で，望遠鏡正・反の測定で消去できる。

</blockquote>

**4
・
1**

**測

量**

解説 **セオドライトの器械誤差の消去**

○　鉛直軸 V，気泡管軸 L，視準線 C，水平軸 H の 4 軸は，次の条件を満たしていなければならない。

① L⊥V

② C⊥H

③ H⊥V

(1) **視準軸誤差**は，視準線が水平軸に直交していないために生ずる誤差で，望遠鏡正・反の測定値の平均値をとることにより<u>消去できる</u>。

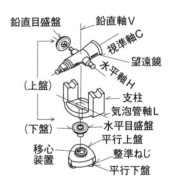

図 4・1　セオドライトの構造

表 4・1　器械誤差の原因とその消去法

誤差の種類	誤差の原因	消　去　法
視準軸誤差	視準軸が水平軸に直交していない。	望遠鏡，正・反観測の平均をとる。
水平軸誤差	水平軸が鉛直軸に直交していない。	望遠鏡，正・反観測の平均をとる。
鉛直軸誤差	上盤気泡管が鉛直軸に直交していない。	なし（誤差の影響を少なくするには各視準方向ごとに整準する）。
目盛盤の偏心誤差	鉛直軸の中心と目盛盤の中心が一致していない。器械製作不良。	望遠鏡，正・反観測の平均をとる。
視準軸の偏心誤差（外心誤差）	望遠鏡の視準線が，回転軸の中心と一致していない（鉛直軸と交わっていない）。器械製作不良。	望遠鏡，正・反観測の平均をとる。
目盛誤差	目盛盤の刻みが正確でない。器械製作不良。	なし（目盛盤の全周を使うことにより影響を少なくする）。

解答 (1)

重要問題64　水準測量

水準測量に用いるレベルに関して，**適当でないもの**はどれか。

(1) 自動レベルは，円形水準器及び主水準器軸と視準線との平行性の点検調整を行う。

(2) 電子レベルは，水準測量作業用電卓（データコレクタ），パソコン等に観測データ（ディジタルデータ）を自動入力できるため汎用性が高い。

(3) 自動レベルは，望遠鏡の多少の傾きにかかわらず，常に自動的に視準線を水平にできる。

(4) 電子レベルは，円形水準器及び視準線の点検調整並びにコンペンセータ（補正装置）の点検を行う。

解答と解説　水準測量に用いるレベル

(1) レベルの鉛直軸 V と視準線 C 及び気泡管水準線 L との間には，$L \perp V$，$C /\!/ L$ の関係が成り立っていなければならない。**自動レベル**は，円形水準器の気泡を整準ネジで中央にもってくれば，自動的に水平を保つ補正装置（**コンペンセータ**）と制動装置により<u>自動的に視準線が水平になる</u>。観測前には，<u>円形水準器，視準線の点検調整及びコンペンセータの点検</u>を行う。

なお，**電子レベル**は，自動レベルと電子画像処理の両機能を組み合わせた構造で，高さ及び距離を自動的に読み取る。

解答 (1)

関連問題　水準測量の誤差に関して，**適当でないもの**はどれか。

(1) 視準線誤差を消去するには，視準距離を等しくする。

(2) 標尺の零目盛誤差を消去するには，2本の標尺を1組として交互に使用し，出発点から到着点までの水準器の整置回数を奇数回とする。

(3) 鉛直軸誤差を消去するには，レベルと標尺間の間隔を等距離となるように整置して観測する。

(4) 視差による誤差を消去するには，十字線がはっきり見えるように接眼レンズの調節を行う。

解説　水準測量の誤差と消去法

(2) 標尺の**零目盛誤差**は，標尺の零目盛が正しく正確でないために生じる誤差で，出発点に立てた標尺を最終地点に立てる。つまりレベルの据付け回数

（測点数）を偶数回にすることによって消去できる。

　なお，レベルと前視，後視標尺の**視準距離**を等しくすることにより，視準線誤差（*C∥L*が平行でない），球差等を消去できる。　　**解答**　(2)

表4・2　水準測量の誤差とその消去法

区　分	誤　差　の　原　因	誤差の種類	消　去　法
レベルに関するもの	①視差による誤差	不定誤差	接眼レンズで十字線をはっきり映し出し，次に対物レンズで像を十字線上に結ぶ。
	②望遠鏡の視準軸と気泡管軸が平行でないための誤差（視準軸誤差）	定誤差	前視・後視の視準距離を等しくする。
	③レベルの三脚の沈下による誤差	定誤差	堅固な地盤に据える。
	④読取り誤差	不定誤差	
標尺に関するもの	①目盛の不正による誤差（目盛誤差）	定誤差	基準尺と比較し，尺定数を求めて補正する。
	②標尺の零点誤差	定誤差	出発点に立てた標尺を到着点に立てる。
	③標尺の傾きによる誤差	定誤差	標尺を常に鉛直に立てる。
	④標尺の沈下による誤差	定誤差	堅固な地盤に据える。又は標尺台を用いる。
自然現象に関するもの	①球差・気差による誤差	定誤差	前視・後視の視準距離を等しくする。
	②かげろうによる誤差	不定誤差	地上・水面から視準線を離す。
	③日照・風及び温度・湿度変化による誤差	不定誤差	日傘で器械をおおう。往と復の観測を午前，午後に行う。

4・1

測　量

関連問題　水準測量に関して，**適当でないもの**はどれか。

(1)　レベルの円形水準器の調整は，望遠鏡をどの方向に動かしてもレベルの気泡が円形水準器の中心にくるように調整する。

(2)　自動レベルは，円形水準器及び気泡管水準器により観測者が視準線を水平にした状態で自動的に標尺目盛を読み取るものである。

(3)　電子レベルは，電子レベル専用標尺に刻まれたパターンを観測者の目の代わりとなる検出器で認識し，電子画像処理をして高さ及び距離を自動的に読み取るものである。

(4)　標尺の付属円形水準器の調整は，標尺が鉛直の状態で付属水準器の気泡が中央にくるように調整する。

解説　**自動レベル**

(2)　自動レベルでは観測者が標尺目盛を読み取る必要がある。　　　(2)

重要問題65 公共工事標準請負契約約款

公共工事標準請負契約約款の総則に関して，**正しいもの**はどれか。

(1) 発注者が行う工事完成検査は，請負契約工期内に必ず完了させなければならない。

(2) 設計図書は，図面，仕様書，現場説明書をいい，現場説明に対する質問回答書は設計図書に含まれない。

(3) 受注者は，設計図書に特別の定めがある場合を除き，仮設，施工方法等工事目的物を完成させるために必要な一切の手段について，その責任において定める。

(4) 発注者は，受注者が共同企業体を結成している場合，契約に基づく行為を共同企業体の各構成員の代表者に対し行わなければならない。

解答と解説　公共工事標準請負契約約款の総則

○　公共工事標準請負契約約款は，公共工事の契約関係の明確化，適正化，当事者間の権利義務等を定めたものです。受注者は，契約書記載の工事を契約書記載の工期内に完成し，工事目的物を発注者に引き渡すものとし，発注者はその請負代金を支払うものとする（P160，第1条，**総則**）。

(1) **完成検査**は，工事完成後，14日以内に行う（第31条，**検査及び引き渡し**）。

(2) **設計図書**は，図面，仕様書，現場説明書及び現場説明に対する質問回答書をいう。

(3) 仮設，施工方法その他工事目的物を完成するために必要な一切の手段については，設計図書に特別の定めがある場合を除き，受注者がその責任において定める。

(4) 共同企業体の場合，発注者は契約に基づくすべての行為を共同企業体の代表者に対して行うものとし，もってすべての構成員に対して行ったとみなす。

解答　(3)

関連問題 受注者が設計図書と工事現場の不一致などの事実を発見した場合に，監督員に書面による通知をして確認を求めなければならない事項に**該当しないもの**はどれか。

(1) 工事の施工にあたり，当初計画の施工機械を現場の土質に見合った機械に変更するとき。

(2) 工事の施工にあたり，設計図書の表示が明確でなく，どのように施工

してよいか判断がつかないとき。
(3)　工事の施工にあたり，工事現場の形状，地質，湧水等の状態が，設計図書に示された施工条件と実際の現場条件が一致しないとき。
(4)　工事の施工にあたり，図面と仕様書が一致しないときで，どちらに従って施工してよいかわからないとき。

解説 監督員への確認事項（条件変更等）

○　**条件変更**：受注者は次の場合，監督員に通知し，確認を請求する。
①　図面，仕様書，現場説明書及び現場説明に対する質問が一致しない場合。
②　設計図書に誤謬又は脱漏がある場合。
③　設計図書の表示が明確でない場合。
④　工事現場の形状，地質，湧水等の状態，施工上の制約等設計図書に示された自然的又は人為的な施工条件と実際の工事現場が一致しない場合。
⑤　設計図書で明示されていない施工条件について予期することのできない特別な状態が生じた場合。以上，**条件変更等**（第18条）。

解答 (1)

関連問題 契約不適合責任に関して，**誤っている**ものはどれか。

(1)　発注者は，引き渡された工事目的物が種類又は品質に関して契約の内容に適合しないものであるときは，受注者に対し，目的物の修補又は代替物の引渡しによる履行の追完を請求することができる。
(2)　履行の追完に過分の費用を要するとしても，発注者は履行の追完を請求することができる。
(3)　受注者は，発注者に不相当な負担を課するものでないときは，発注者が請求した方法と異なる方法による履行の追完をすることができる。
(4)　発注者が相当の期間を定めて履行の追完の催告をし，その期間内に履行の追完がないときは，発注者は，その不適合の程度に応じて代金の減額を請求することができる。

解説 契約不適合責任

(2)　**契約不適合**（第45条）：履行の追完に過分の費用を要するときは，発注者は履行の追完を請求することができない。
　　なお，2019年12月の改正により，かし担保は**契約不適合責任**へと名称が変わり，内容も改正されています。

解答 (2)

重要問題66 公共工事の入札及び契約

公共工事標準請負契約約款に関して，**誤っているもの**はどれか。

(1) 発注者は，検査によって工事の完成を確認した後，受注者が工事目的物の引渡しを申し出たときは，直ちに当該工事目的物の引渡しを受けなければならない。

(2) 受注者は，現場代理人を工事現場に常駐させなければならないが，工事現場における運営などに支障がなく，かつ，発注者との連絡体制が確保されると発注者が認めれば，工事現場への常駐を必要としないことができる。

(3) 受注者は，災害防止等のため必要があると認めるときは，臨機の措置をとらなければならない。

(4) 受注者は，工事目的物の引渡し前に，天災等で発注者と受注者のいずれの責に帰すことができないものにより，工事目的物等に損害が生じたときは，損害による費用の負担を発注者に請求することができない。

解答と解説　不可抗力による損害

(1) **検査及び引渡し**（第32条）の規定。正しい。

(2) **現場代理人及び主任技術者等**（第10条）の規定。正しい。なお，**現場代理人**とは，請負契約の的確な履行を確保するため，工事現場の取締り，契約関係の事項を行う者をいう。P127参照。

(3) **臨機の措置**（第26条）の規定。正しい。

(4) **不可抗力による損害**（第29条）：工事目的物の引渡し前に，天災等発注者と受注者のいずれの責めにも帰すことができないもの（不可抗力）により，工事目的物，仮設物又は工事現場に搬入済みの工事材料，建設機械器具に損害が生じたときは，損害による費用の負担を<u>発注者に請求する</u>ことができる。

解答　(4)

関連問題 公共工事標準請負契約約款に関して，**適当でないもの**はどれか。

(1) 受注者は，設計図書において監督員の検査を受けて使用すべきものと指定された工事材料が，検査の結果不合格と決定された場合，工事現場内に保管しなければならない。

(2) 発注者は，受注者の責めに帰すことのできない自然的又は人為的事象により，工事を施工できないと認められる場合は，工事の全部又は一部

の施工を中止させなければならない。

⑶　発注者は，工期の延長又は短縮を行うときは，この工事に従事する者の労働時間その他の労働条件が適正に確保されるよう，やむを得ない事由により工事等の実施が困難であると見込まれる日数等を考慮しなければならない。

⑷　発注者は，設計図書の変更を行った場合において，必要があると認められるときは，工期若しくは請負代金額を変更しなければならない。

解説　工事材料の品質及び検査

⑴　**工事材料の品質及び検査等**（第13条）：遅滞なく工事現場外へ搬出する。なお，⑵**工事の中止**（第20条），⑶**発注者の請求による工期の短縮等**（第22条），⑷**設計図書の変更**（第19条）の規定。

解答　⑴

関連問題　公共工事の入札及び契約の適正化の促進に関する法律に定める「公共工事の入札及び契約の適正化の基本となるべき事項」として，**誤っている**ものはどれか。

⑴　入札及び契約からの談合その他の不正行為の排除が徹底されること。

⑵　入札に参加しようとし，又は契約の相手方になろうとする者の間の公正な競争が促進されること。

⑶　入札及び契約の過程並びに契約内容については，秘密の保持が図られること。

⑷　契約された公共工事の適正な施工が確保されること。

解説　公共工事の入札及び契約の適正化の基本事項

○　**公共工事の入札及び契約の適正化の促進に関する法律**（入札法）は，国，地方公共団体等が行う公共工事の入札及び契約について，適正化の基本となる事項を定め，情報の公表，不正行為等に対する措置及び施工体制の適正化の措置を講じている（P171）。

⑶　次に掲げるところにより，その適正化が図られなければならない。

　①　入札及び契約の過程・契約の内容の透明性が確保されること。

　②　入札参加者と契約の相手方の間の公正な競争が促進されること。

　③　入札及び契約から談合その他の不正の排除が徹底されること。

　④　契約された公共工事の適正な施工が確保されること。　　解答　⑶

4・2　設計図書・契約

重要問題67　　**土木製図**

　下図は，ボックスカルバートの配筋図を示したものである。この図における配筋に関して，**適当でないもの**はどれか。

(1)　ボックスカルバートの頂版の内側主鉄筋と側壁の内側主鉄筋の太さは，同じである。

(2)　ボックスカルバートの頂版の土かぶりは，2.0m である。

(3)　頂版，側壁の主鉄筋は，ボックスカルバート延長方向に 250 mm 間隔で配置されている。

(4)　ボックスカルバート部材の厚さは，ハンチの部分を除いて同じである。

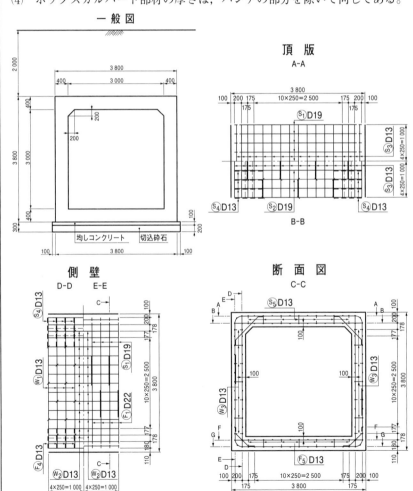

単位(mm)

解答と解説　ボックスカルバートの配筋図

○　**ボックスカルバート**とは，地中に埋設され，水路や地下道に使われる箱型のコンクリート構造物をいう。鉄筋コンクリートの配筋は，曲げモーメントの関係でダブルに配置する。断面図より，A→，B→，D→，E→の→方向の配筋図では，頂版図，側壁図に上部，下部及び左，右に表示する。

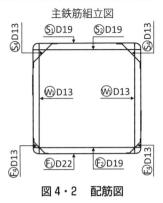

主鉄筋組立図

図4・2　配筋図

なお，図中の⑤はスラブ，⑥は基礎，Ｗは側壁の鉄筋を表す。

(1)　断面図より，頂版の内側 B–B 断面の**主鉄筋**は⑤D19であり，側壁の内側 D–D 断面の主鉄筋はＷＷD13である。鉄筋の太さは異なる。

解答　(1)

関連問題　工事起点№0から工事終点№5（工事区間延長500m）の道路改良工事の土積曲線（マスカーブ）において，**適当でないもの**はどれか。

(1)　№0から№2は，盛土区間である。

(2)　当該工事区間では，盛土区間よりも切土区間が長い。

(3)　№0から№3は，切土量と盛土量が均衡する。

(4)　当該工事区間では，土が不足する。

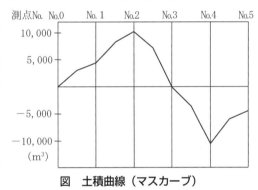

図　土積曲線（マスカーブ）

解説　土積曲線（マスカーブ）

○　土量の配分に用いられる**土積図（マスカーブ）**は，横軸に測点，縦軸に始点からの切土・盛土量を表したグラフで，その性質は次のとおり。

①　切土区間ではカーブは上がり，盛土区間では下り勾配となる。

②　土積曲線と基線と平行な平衡線との交点間は切土量と盛土量が等しい。

③　平衡線から曲線の底点及び頂点までの高さは，切土から盛土へ，盛土から切土への運搬土量を表す。

④　切土の重心と盛土の重心との距離は，平均運搬距離を示す。　**解答**　(1)

重要問題68 建設機械の動向

建設機械の最近の動向に関して，**適当でないもの**はどれか。

(1) 油圧式ショベルとしては，都市土木工事において便利な小型化が進展し，後方の旋回半径が小さい後方小旋回ショベルが増加している。

(2) 「特定特殊自動車排出ガスの規制等に関する法律」は，特定特殊自動車の排出ガスを規制するものであり，建設工事では現場内のみで使用される建設機械に適用される。

(3) 熟練オペレータの不足から一定の作業レベルを確保できるように運転の半自動化，電子化された操作機構などの活用が進められている。

(4) ハイブリッド型油圧ショベルは，機械の前進や後進時に発生するエンジンの回転エネルギーを電気エネルギーに変換し，エンジンをアシストする。

解答と解説 建設機械の最近の動向

(1) 都市土木工事の狭い現場での掘削，積込み，運搬作業には，施工の効率性と安全性の向上を目的として，後方小旋回形ショベルが急増している。

(2) 公道を走行しない特定特殊自動車（大型特殊自動車及び小形特殊自動車等）からの排出ガスを規制するもので，建設工事の現場で使用される建設機械に適用される。

(3) 最近の建設機械は，コンピュータ技術・各種センサーを搭載し，作業装置の制御技術により作業の効率化や安全性が向上している。熟練したオペレータが不足している建設現場で活用が進められている。

(4) ハイブリッド方式の建設機械は，エンジンで発電しバッテリーに蓄電した電気でモータを動かして走行・旋回・油圧ポンプ操作を行う。旋回減速時に発生するエネルギーを旋回モータで回生し，これを高負荷時に活用している。

解答 (4)

関連問題 建設機械の排出ガス対象機械のうち，「特定特殊自動車排出ガスの規制等に関する法律」に**該当する建設機械**はどれか。

(1) クローラ型のバックホウ（バケット平積容量 0.6 m³ 級）

(2) 可搬式のエンジン掛け空気圧縮機（吐出空気量 11.0 m³/min 級）

(3) ナンバー付きのラフテレーンクレーン（クレーン能力 50 t 級）

(4) 可搬式の発動発電機（発電出力 200 kVA 級）

解説 **建設機械の排出ガス対象機械**

(1) **特定特殊自動車排出ガスの規制等に関する法律（オフロード法）**は，公道を走行しない特定特殊自動車（対象：建設現場のみで使用される建設機械）について技術上の基準を定め，必要な規制等により，特殊自動車排出ガスの排出を抑制することを目的とする。対象となる特定特殊自動車は，ブルドーザ，バックホウ，クローラクレーン，トラクタショベル，ホイールクレーン（ラフテレーンクレーン）等である。

　　なお，(3)のナンバー付きのラフテレーンクレーンは，オンロード（公道を走行する特定特殊自動車）であり，オフロード法には該当しない。

解答 (1)

関連問題 建設機械に関して，**適当でないもの**はどれか。

(1) 建設機械用ディーゼルエンジンは，一般の自動車用ディーゼルエンジンより大きな負荷が作用するので，耐久性等を考慮し，自動車用エンジンより回転速度は低く設定されている。

(2) 建設機械に用いられるディーゼルエンジンは，触媒の改良により，NOx，HC，CO をほぼ 100 ％取り除くことができる。

(3) 油圧ショベル等に用いられている油圧駆動は，駆動源から離れたところに自由に動力を配分できるが，油漏れを起こす場合がある。

(4) トルクコンバータ付きブルドーザは，広い速度範囲で自動的，連続的に十分なけん引力を発揮することができ，負荷変動の大きい作業に適している。

解説 **建設機械**

(2) **ガソリンエンジン**は，排気ガスを触媒に通すことにより，NOx（窒素酸化物），HC（炭化水素），CO（一酸化炭素）をほぼ 100 ％近く取り除くことができる。**ディーゼルエンジン**は，排気ガス中に多量の酸素，すすや硫黄酸化物を含み，触媒で各成分を取り除くことは難しく，燃焼室形状の改善，燃料噴射の高圧化などエンジンの改良の対策が採られている。

　　なお，(4)**トルクコンバータ**は，大きなトルクが必要なときに自動的に出力の回転が落ちて，大きなトルクが得られる。トルクコンバータ付きブルドーザは，リッパ作業やスクレーパの後押し作業など負荷変動の大きい作業に適している。

解答 (2)

4
・
3

機

械

重要問題69 内燃機関と電動機

建設機械の原動機に関して，**適当でないもの**はどれか。

(1) 建設機械に用いられる原動機としては，エンジンと電動機があり，一般の建設機械ではエンジンが用いられる。

(2) ディーゼルエンジンは，ガソリンエンジンに比べ圧縮比が低く，出力当たりのエンジン質量は小さい。

(3) 建設機械では，ディーゼルエンジンがガソリンエンジンに比べ圧倒的に多く用いられている。

(4) 電動機を原動機とする建設機械は，電力供給条件が整い移動を要しない場合などには，他の原動機に比べ有利なことが多い。

解答と解説　建設機械の原動機

○　建設機械に用いられる**原動機**として，内燃機関と電動機（モーター）があり，内燃機関には負荷に対する既応性，燃料消費率，耐久性及びメンテナンス性から**ディーゼルエンジン**が多く用いられる。電動機を原動機とする建設機械は，騒音・振動が小さく，構造が簡単で故障が少ない。

(2) **ディーゼルエンジンは，ガソリンエンジンに比べ圧縮比が高く，出力当たりのエンジン質量は大きい。**　　**解答** (2)

表4・3　原動機の種類

原動機　┬　電動機　┬　直流電動機
　　　　│　　　　　└　交流電動機—三相誘導電動機　┬　巻線形三相誘導電動機
　　　　│　　　　　　　　　　　　　　　　　　　　　└　かご形三相誘導電動機
　　　　└　内燃機関　┬　ガソリンエンジン
　　　　　　　　　　　└　ディーゼルエンジン

関連問題　電動機の利用に関して，**適当でないもの**はどれか。

(1) 三相誘導電動機は，構造が簡単で故障が少なく，空気圧縮機，ポンプ，ベルトコンベアなどの動力源として広く使われている。

(2) 三相誘導電動機は，3線のうちどれか2線を入れ替えると回転の向きが逆転する。

(3) 三相誘導電動機には，巻線形とかご形とがあり，巻線形は始動トルクが小さく，かご形は始動トルクが大きい。

(4) 電源周波数50Hz用の電動機を60Hzの地区で用いると，約1.2倍の回転速度が得られる。

解説　三相誘導電動機

(3)　建設機械の**電動機**には，構造が簡単，丈夫かつ取扱いが容易であり，また定速回転等の優れた特徴を持つ**三相誘導電動機**（三相200V）が用いられる。

　　三相誘導電動機の**巻線形**は，始動時に大きな力のいるショベル系掘削機，空気圧縮機，エレベータ，クレーン等に用いられる。一方，**かご形**は回転数が小さく，小さな力でも用をたせるベルトコンベア，ポンプ等に用いられる。

解答　(3)

関連問題　工事用電力設備に関して，**適当でないもの**はどれか。

(1)　工事現場における電気設備の容量は，月別の電気設備の電力合計を求め，このうち最大となる負荷設備容量に対して受電容量不足をきたさないように決定する。

(2)　小規模な工事現場等で契約電力が，電灯，動力を含め50kW未満のものについては，低圧の電気の供給を受ける。

(3)　工事現場で高圧にて受電し現場内の自家用電気工作物に配電する場合，電力会社との責任分界点に保護施設を備えた受電設備を設置する。

(4)　工事現場に設置する変電設備の位置は，一般にできるだけ負荷の中心から遠い位置を選定する。

解説　工事用電力設備

○　**一般用電気工作物**は，50kW未満の低圧受電（200V以下）の設備をいう。**自家用電気工作物**は，現場内に自家用受変電設備を設け，6600Vの高圧で受電したものを100V，200Vに変圧して負荷に電力を供給する設備をいう。施設管理責任者は，電気主任技術者（選任）である。

(4)　負荷の中心に**近い位置**を選定する。

解答　(4)

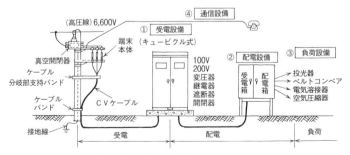

図4・3　工事現場の電気設備区分

|資料| 公共工事標準請負契約約款　条項一覧

○　公共工事標準請負契約約款は，建設業法の規定を踏まえ，公共事業における契約関係の明確化，適正化，当事者間の権利義務等を定めたものです。

第1条	総則	第33条	請負代金の支払い
第2条	関連工事の調整	第34条	部分使用
第3条	**請負代金内訳書及び工程表**	第35条	前金払及び中間前金払
第4条	契約の保証	第36条	保証契約の変更
第5条	権利義務の譲渡等	第37条	前払金の使用等
第6条	**一括委任又は一括下請負の禁止**	第38条	部分払
第7条	**下請負人の通知**	第39条	部分引渡し
第8条	**特許権等の使用**	第40条	債務負担行為に係る契約の特則
第9条	**監督員**	第41条	債務負担行為に係る契約の前金
第10条	**現場代理人及び主任技術者等**		払〔及び中間前金払〕の特則
第11条	履行報告	第42条	債務負担行為に係る契約の部分
第12条	工事関係者に関する措置請求		払の特則
第13条	**工事材料の品質及び検査等**	第43条	第三者による代理受領
第14条	**監督員の立会い及び工事記録の**	第44条	前払金等の不払に対する工事中
	整備等		止
第15条	**支給材料及び貸与品**	第45条	**契約不適合責任**
第16条	**工事用地の確保等**	第46条	発注者の任意解除権
第17条	**設計図書不適合の場合の改造義**	第47条	発注者の催告による解除権
	務及び破壊検査等	第48条	発注者の催告によらない解除権
第18条	**条件変更等**	第49条	発注者の責めに帰すべき事由に
第19条	**設計図書の変更**		よる場合の解除の制限
第20条	**工事の中止**	第50条	公共工事履行保証証券による保
第21条	**著しく短い工期の禁止**		証の請求
第22条	**受注者の請求による工期の延長**	第51条	受注者の催告による解除権
第23条	**発注者の請求による工期の短縮**	第52条	受注者の催告によらない解除権
	等	第53条	受注者の責めに帰すべき事由に
第24条	**工期の変更方法**		よる場合の解除の制限
第25条	請負代金額の変更方法等	第54条	解除に伴う措置
第26条	**賃金又は物価の変動に基づく請**	第55条	発注者の損害賠償請求等
	負代金額の変更	第56条	受注者の損害賠償請求等
第27条	**臨機の措置**	第57条	契約不適合責任期間等
第28条	一般的損害	第58条	火災保険等
第29条	**第三者に及ぼした損害**	第59条	あっせん又は調停
第30条	**不可効力による損害**	第60条	仲裁
第31条	請負代金額の変更に代える設計	第61条	情報通信の技術を利用する方法
	図書の変更	第62条	補則
第32条	**検査及び引渡し**		

（注）**太字の条文**はよく出題される条文

第5章

施工管理法
[必須問題・問題 B]

内容

1. 施工計画（建設機械含む）
2. 工程管理
3. 安全管理
4. 品質管理
5. 環境保全・建設副産物

対策

1. 施工管理に関する一般的な知識及び施工管理法に関する応用能力を有するか判定されます。

　31問出題，すべて必須。

　施工計画（知識1題，応用能力4題），工程管理（知識1題，応用能力3題），安全管理（知識7題，応用能力4題），品質管理（知識3題，応用能力4題），環境保全・建設副産物（4題）の合計31題。

2. 新制度から出題されている**応用能力問題**は，穴あき問題で合計**15問**出題されています。ここで60%以上正答しておかなければ，たとえ全体で60%以上得点しても合格にはなりません。この章の巻末に演習を兼ねて出題例を掲載していますので，参考にしてください。

重要問題70　施工計画の立案

施工計画作成の留意事項に関する ____ に当てはまる語句の組合せとして，**適当なもの**はどれか。

・施工計画の作成は，発注者の要求する品質を確保するとともに， (イ) を最優先にした施工を基本とした計画とする。

・施工計画の検討は，これまでの経験も貴重であるが，新技術や (ロ) を取り入れ工夫・改善を心がけるようにする。

・施工計画の作成は，一つの計画のみでなく，いくつかの代替案を作り比較検討して， (ハ) の計画を採用する。

・施工計画の作成にあたり，発注者から指示された工程が最適工期とは限らないので，指示された工程の範囲内でさらに (ニ) な工程を探し出すことも大切である。

	(イ)	(ロ)	(ハ)	(ニ)
(1)	工程	新工法	標準	画一的
(2)	安全	既存工法	標準	画一的
(3)	安全	新工法	最良	経済的
(4)	工程	既存工法	最良	経済的

解答と解説　施工計画作成の留意事項　　応用能力問題

○．**施工計画**の決定にあたっては，過去の経験を十分に生かすとともに，常に改良を試み，新工法・新技術についても検討をする。経験に頼った施工計画は過小となりがちで，新工法を主としたものは過大となる傾向がある。

解答 (3)

関連問題 施工計画立案の留意事項として，**適当でないもの**はどれか。

(1) 契約図書に記載されていない現場の立地・制約条件についても事前調査を行い，施工計画を立案する。

(2) 施工順序，施工方法については，各作業間の調整を行い過度の集中を避けるよう努め，機械等の作業効率を高めるようにする。

(3) 施工順序と施工方法を決定する場合，過去の実績や経験のみに依存することなく，新技術・新工法の採用も含めて検討する。

(4) 現場条件の調査において，設計図書と現場条件の不一致を発見した場合においても，当初の設計図書に基づき立案する。

解説 施工計画立案の留意事項

○ 施工計画の作成にあたっては，契約書及び**設計図書**（P150，図面，仕様書，現場説明書及び質問回答書）に基づき，工事目的物を構築するための施工方法，施工順序，資機材の調達などについて詳細に検討する。

○ 施工計画の手順は，契約条件と現場条件を検討する**施工事前調査**，事前調査の内容を基に施工順序や工程計画を検討する**施工技術計画**，下請や労務，機械や資材等の**調達計画**を立案し，最後に現場管理組織・運営手続等の施工管理計画，原価管理，安全管理等の**管理計画**を立てる。

施工事前調査	施工技術計画	調達計画	管理計画
①設計図書・仕様書等の契約条件の確認 ②現場の自然・経済・環境条件の調査	①施工順序・施工法・工期の検討（工程計画） ②施工機械の選定 ③仮設計画 ④品質管理計画	①下請・労務計画 ②材料購入・保管計画 ③機械調達・輸送計画	①現場管理組織と運営手続 ②実行予算の作成と収支計画 ③安全管理計画 ④環境保全計画

図5・1　施工計画の手順

(4) 現場条件の調査において，設計図書と現場が異なっていることが判明した場合には，直ちに，発注者に問い合せる（P151，**条件変更等**）。契約の範囲や責任の範囲，設計変更協議の対象かを確認後，施工計画を立案する。

解答 (4)

関連問題 施工計画立案の留意点として，**適当でないもの**はどれか。

(1) 現場で組み合せて使用する機械を選択する場合は，最も経費がかかる機械の施工能力を他の機械の施工能力と同等か幾分低くする。

(2) 基本方針や施工計画は，現地事前調査を行って工事現場の制約条件を理解している現場担当者だけの経験と技術力で定める。

(3) 設計図書には仮設工事の施工数量が示されない場合が多いので，請負者は設計図をもとに施工方法を考慮して施工に必要な数量を算出する。

(4) 施工機械を工期を通じて同じ台数で計画すると，稼働日数の少ない遊休状況が発生する場合がある。

解説 施工計画の立案

(2) 現場技術者に限定せず，社内の他の組織も活用する。なお，(3)仮設工事は，一般に契約上一式計上（**任意仮設備**）となる。必要な数量を算出する。

解答 (2)

5
・
1

施工計画

重要問題71 施工事前調査

施工計画の立案において，発注者との契約条件の確認内容として，**適当でないもの**はどれか。

(1) 労働者への賃金の支払い条件

(2) 物価の変動に基づく請負代金の変更

(3) 工事が施工される都道府県，市町村の各種条例とその内容

(4) 当該工事に影響する付帯工事，関連工事

解答と解説　契約条件の確認

○　施工事前調査は**契約条件**と**現場条件**を把握するために行う。施工計画の立案に際して，**契約条件**として契約書及び設計図書をよく精査する。契約条件の確認は次のとおり。

① **契約内容の確認**：事業損失，不可抗力による損害に対する取扱い，工事中止に基づく損害に対する取扱い，資材・労務費の物価変動に基づく変更の取扱い，契約不適合責任（旧かし担保）の範囲，工事代金の支払い条件，数量の増減による変更の取扱い，都道府県，市町村の条例内容など。

② **設計図書の確認**：図面と現場との相違点及び数量の違算の有無，図面，仕様書，施工管理基準などの規格値や基準値，現場説明書の内容など。

③ **その他の確認**：監督員の指示，承認，協議事項の範囲，付帯工事など。

(1) 労働者への賃金の支払い条件は，労働基準法（P121，第24条）に関する規定であり，事前調査の契約条件の確認事項ではない。

解答 (1)

関連問題 施工計画の事前調査には，契約条件に係る事項と現場条件に係る事項がある。

そのうち契約条件についての主な事前調査事項として，(イ)～(ニ)のうち**適当なものをすべて選んだ組合せ**はどれか。

(イ) 資材，労働費などの変動に基づく請負代金

(ロ) 材料の供給源と価格及び運搬路

(ハ) 工事材料の品質や検査の方法

(ニ) 施工法，仮設規模，施工機械の選択

(1) (イ) (ニ)　　　　(2) (イ) (ハ)　　　　(3) (イ) (ロ) (ハ)　　　　(4) (ロ) (ハ)

解説 **契約条件の確認**

(2)　**契約内容を検討する際の留意事項**は，次のとおり。

① 事業損失，不可抗力による損害の取扱い

② 用地未解決等の工事中断，中止のときの損害の取扱い

③ 材料費や労務費の物価変動に基づく変更の取扱い

④ 工事材料の品質及び検査等

⑤ 契約不適合責任（旧かし担保）の条件

⑥ 工事代金の支払条件

⑦ 数量の増減による変更の取扱い方法

⑧ 図面と現場の相違点及び数量の違算の有無

⑨ 図面，仕様書，施工管理基準などの規格値や基準値

⑩ 監督員の指示，承認，協議事項

契約条件の確認事項は(イ)，(ハ)であり，(ロ)及び(ニ)は**現場条件**の調査である。

解答 (2)

関連問題 施工計画立案にあたっての事前調査事項のうち，現場条件に**該当しないもの**はどれか。

(1)　現場周辺の状況，地下埋設物，地上障害物

(2)　地質（土質，岩質），気象（温度，降雨日数，風等），水文（水深，水量，潮位等）

(3)　不可抗力による損害，契約不適合責任

(4)　現地調達資機材，建設機械の調達先

解説 **現場条件の確認**

○　**現場条件**の事前調査の結果がその後の施工計画の良否を決める。**現場条件**の事前調査項目は，次のとおり。なお，(3)は**契約条件**です。

① 地形・地質・地下水の調査

② 施工に関係のある水文気象の調査

③ 施工法，仮設備規模，施工機械の選定

④ 動力源，工事用水の入手

⑤ 材料の供給源と価格及び運搬路

⑥ 労務の供給，労務環境，賃金

⑦ 工事によって支障を生じる問題点

⑧ 騒音，振動などに関する環境保全基準

解答 (3)

5・1
施工計画

重要問題72 **仮設備計画・建設機械計画**

仮設備に関して，**適当なもの**はどれか。

(1) 仮設備は，発注者が指定する指定仮設と施工者の判断に任せる任意仮設があるが，特別な場合を除いては施工者の企業努力や技術力が発揮できる任意仮設とされることが多い。

(2) 仮設構造物は，構造計算を省略する場合が多いが，構造計算を行う場合は，使用目的や使用期間，重要度等の諸条件にかかわらず，永久構造物と同様の安全率を採用する。

(3) 仮設備計画の立案においては，仮設備の種類，諸元，数量，配置計画を検討することが必要で，それらの維持や撤去等に関しては施工段階で対応するため，計画段階では特に考慮しない。

(4) 仮設備とは，工事用道路，コンクリート打設設備，山留め，締切りなど工事の施工に直接関係するものをいい，工事の施工に直接関係しない作業員の宿泊設備や倉庫などは含まれない。

解答と解説　**仮設備計画**

(2) **仮設備**は，臨時的なものであって工事完了後，原則として取り除かれる。使用目的，使用期間に応じた構造とし，作業中の衝撃，振動等を含めた設計荷重で強度計算を行い，労働安全衛生法に適合したものとする。

(3) **仮設備計画**には，仮設備の種類，数量及び配置の計画はもとより，それらの維持，撤去及び跡片付けの計画も含まれる。

(4) 仮設備には，本工事施工のため直接必要な**直接仮設備**と工事の施工に直接関係しない作業員の宿泊設備や倉庫などの**間接仮設備**がある。

解答　(1)

関連問題　仮設工事に関して，**適当なもの**はどれか。

(1) 指定仮設は，重要な仮設物について構造，形状寸法，品質及び価格の指定を受けて施工するため，設計変更の対象とはならない。

(2) 任意仮設は，請負者が任意にその計画立案を行い実施されるもので，そのすべての責任は請負者が有するものである。

(3) 仮設構造物の安全率は，本体構造物と同じ安全率で計画される。

(4) 仮設工事に使用する材料は，一般の市販品はできる限り使用を避ける。

解説 **仮設工事**

○　**仮設備計画の留意事項**

①　工事規模に見合ったムダのない計画を立てる。

②　十分に目的を達する構造・強度とする（構造計算必要）。

③　作業の流れを考えて効率的な仮設物の配置を行う。

(1)　**仮設備**には，契約上一式計上され施工業者の自主性にゆだねられる**任意仮設備**と，重要なものとして本工事と同様に扱われ設計図書に特別に定められる**指定仮設備**がある。指定仮設は，設計変更（契約変更）の対象となる。

(3)　使用目的，使用期間に応じた構造，安全率で計画する。

(4)　一般の市販品を使用して可能な限り規格を統一し，他工事にも転用する。

解答 (2)

関連問題 施工計画における建設機械に関して，**適当でないもの**はどれか。

(1)　施工計画においては，工事施工上の制約条件より最も適した建設機械を選定し，その機械が最大能率を発揮できる施工法を選定する。

(2)　組合せ建設機械の選択においては，従作業の施工能力は主作業の施工能力と同等，あるいは幾分低めにする。

(3)　機械施工における施工単価は，機械の「運転1時間当たりの機械経費」を「運転1時間当たりの作業量」で除することによって求める。

(4)　単独の建設機械又は組み合わされた一群の建設機械の作業能力は，時間当たりの平均作業量で算出する。

解説 **建設機械計画**

○　**建設機械選定の条件**は，次のとおり。

①　工事条件と機種・容量の適合性。

②　建設機械の経済性。

③　建設機械の合理的な組合せ。

表5・1　土工作業と建設機械の組合せ

作業の種類	組合せ建設機械
伐開・除根・積込み・運搬	ブルドーザ＋トラクタショベル（バックホウ）＋ダンプトラック
掘削・積込み・運搬	集積（補助）ブルドーザ＋積込み機械＋ダンプトラック
敷均し・締固め	敷均し機械＋締固め機械

(2)　主機械・設備の能力を最大限発揮するよう，従機械・設備の能力をそれ以上の高いものにする。**作業能力**は，組合せ機械の中で最小の能力によって決まる。

解答 (2)

重要問題73　原価管理，運営手続

原価管理に関する ☐ に当てはまる語句として，**適当なもの**はどれか。

・原価管理は，工事受注後に最も経済的な施工計画を立て，これに基づいた ⎡(イ)⎤ の作成時点から始まって，管理サイクルを回し，⎡(ロ)⎤ 時点まで実施される。

・原価管理は，施工改善・計画修正等があれば修正 ⎡(イ)⎤ を作成して，これを基準として，再び管理サイクルを回していく。

・原価管理を有効に実施するには，管理の重点をどこにおくかの方針を持ち，どの程度の細かさでの ⎡(ハ)⎤ を行うかを決めておく。

・施工担当者は，常に工事の原価を把握し，⎡(イ)⎤ と ⎡(ニ)⎤ の比較対照を行う。

	(イ)	(ロ)	(ハ)	(ニ)
(1)	最終原価	設計変更	原価計算	実行予算
(2)	実行予算	設計変更	工事決算	最終原価
(3)	実行予算	工事決算	原価計算	発生原価
(4)	原価計算	最終原価	工事決算	発生原価

解答と解説　原価管理　　　　　応用能力問題

○　**原価管理**は，施工計画に基づき予定原価（**実行予算**）を作成し，施工に伴い発生する実際原価（**発生原価**）をできるだけ低く抑えて利益を生み出すなど，工事の分析・検討を通じて実行予算を確保する管理である。

　原価管理の手順は，①事前調査，②施工計画，③実行予算，④施工（原価発生），⑤原価計算（実行予算との対比），⑥損益予想，⑦評価（続行，修正）となる。

① **実行予算の作成**：最も経済的な施工計画に基づき実行予算を作成する。

② **施工（原価発生の統制）**：実行予算の予定原価を基準に，実際（発生）原価をできる限り低く抑える。原価発生の統制，原価実績資料の収集。

③ **原価計算（実施原価と実行予算の対比）**：発生する原価を確実に把握し，実行予算と比較して差異を見出し，分析・検討する。

④ **損益予想・修正措置**：実行予算を確保するため原価引下げの措置，施工計画の再検討及び修正・改善をする。

⑤ **評価**：修正措置によって生じた結果を吟味する。　　　　**解答** (3)

関連問題 工事の原価管理に関して，**適当でないもの**はどれか。

(1) 原価管理とは，経済的な施工計画を基に実行予算を作り，これを基に原価を統制し，費用を極力抑えて利益を向上させることである。

(2) 原価を低減させるためには，実際の支出を正確に記録・分類し，現状を把握して，次回の同種工事の歩掛データとして活かすことである。

(3) 利益と原価は，一方が増えると他方も増加する直接的な関係になっており，原価増加の結果がすぐ利益の向上につながる。

(4) 原価管理の手順は，施工計画と実行予算の作成，原価発生の統制，実施原価と実行予算の対比，修正処置，アクション結果の再検討の順で行われ，PDCA の管理サイクルを回しながら実施する。

解説 原価管理

(3) **原価管理**の目的は，原価を引き下げることにある。利益は実行（予定）予算と実施（実際）原価との差であり，利益と原価は直接的な関係を持たないし，原価の増加は利益の減少となる。

解答 (3)

関連問題 建設工事の着手に際し施工者が関係法令に基づき提出する「届出等書類」とその「提出先」として，**誤っているもの**はどれか。

	［届出等書類］	［提出先］
(1)	道路交通法に基づく道路使用許可申請書	……道路管理者
(2)	消防法に基づく電気設備設置届	……消防署長
(3)	労働保険の保険料の徴収等に関する法律に基づく労働保険・保険関係成立届	……労働基準監督署長
(4)	騒音規制法に基づく特定建設作業実施届出書	……市町村長

解説 届出等の書類

(1) **道路使用許可**申請（道路交通法）は，道路において工事若しくは作業する場合に，道路の使用許可を申請するもので，所轄の**警察署長**に提出する。

道路占用許可申請（道路法）は，工事用板囲等の施設，土石等の工事用材料等を設け，道路を占用する場合の道路の占用許可の申請である。工事をする場合，使用許可，占用許可が共に必要となる（P130参照）。

解答 (1)

5・1

施工計画

重要問題74　　施工体制台帳

　　下図は土木工事の請負契約の流れを示したものである。この請負契約における**建設業法に定める施工体制台帳等**に関して，**適当でないもの**はどれか。但し，A社からB社への契約額は4,500万円以上とする。

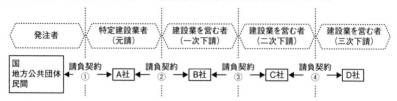

(1)　A社はB社に「施工体制台帳及び施工体系図作成工事である」旨を通知し，当該事項を記載した書面を工事現場の見やすいところに掲げる。

(2)　B社はC社に対して「その請け負った工事を他の建設業者に請け負わせたときは再下請負通知書を提出しなければならない」旨を通知し，B社はA社に対して再下請負通知書を提出する。

(3)　C社は，作成した再下請負通知書を，必ずB社を経由してA社に提出するものであり，直接A社に提出してはならない。

(4)　D社のように，その請け負った建設工事を他の建設業者に請け負わせていないときは，再下請負通知書の作成は生じない。

解答と解説　施工体制台帳の整備

(3)　**施工体制台帳**は，**建設業法**上，**特定建設業者**が発注者から直接請け負った工事を**4,500万円以上の下請契約**を締結して施工する場合に作成しなければならない。施工体制台帳には，建設工事の名称・内容・工期，許可を受けている建設業の種類，健康保険の加入状況等を記載する。

　　A社はB社に対し，また，B社はC社に対し，C社はD社に対してそれぞれ施工体制台帳作成工事である旨を連絡する。B社，C社は，再下請通知書を作成しA社に提出する。この場合，C社はA社に直接又はB社を経由して提出する。全下請人の施工の分担関係が分かるように系統的に表示した**施工体系図**を現場の見やすい場所に掲示する（第24条の7）。　　**解答**　(3)

> **関連問題**　**公共工事における施工体制台帳作成**に関する　　　　　に当てはまる語句として，**適当なもの**はどれか。
> ・発注者から直接工事を請負った建設業者は，下請契約を締結する場合に

は，下請金額 $\boxed{（イ）}$ ，施工体制台帳を作成しなければならない。

・下請負人は，その請負った工事を他の建設業を営む者に請け負わせたと
　きは，再下請負通知書を $\boxed{（ロ）}$ に提出しなければならない。

・施工体制台帳には，作成建設業者に関する許可を受けて営む建設業の種
　類， $\boxed{（ハ）}$ の加入状況などを記載しなければならない。

・施工体制台帳を作成する建設業者は，施工の分担関係を表示した $\boxed{（二）}$
　を作成し，工事関係者及び公衆が見やすい場所に掲示しなければならない。

	（イ）	（ロ）	（ハ）	（二）
(1)	が一定額以上の場合……	発注者………	健康保険等………	工程表
(2)	にかかわらず…………	元請業者……	健康保険等………	施工体系図
(3)	が一定額以上の場合……	元請業者……	建設業協会………	施工体系図
(4)	にかかわらず…………	発注者………	建設業協会………	工程表

解説 公共工事の施工体制台帳の整備　　　応用能力問題

(2)　公共工事の入札及び契約の適正化の促進に関する法律上，公共工事につい
ては，発注者から直接工事を請け負った建設業社は，<u>下請金額にかかわらず</u>
施工体制台帳及び**施工体系図**を作成しなければならない。　　　**解答** (2)

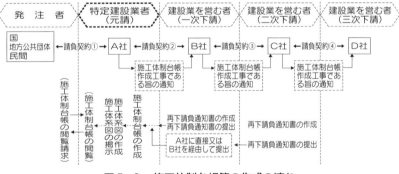

図5・2　施工体制台帳等の作成の流れ

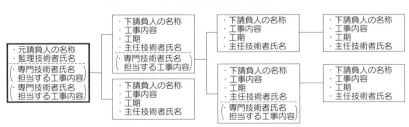

図5・3　施工体系図の記載例

5
・
1

施工計画

重要問題75 建設機械の選定・施工速度

建設機械の選定等に関して，**適当でないもの**はどれか。

(1) 建設機械のトラフィカビリティーは，ポータブルコーンペネトロメータで測定したコーン指数で判断される。

(2) ロードローラは，高含水比の粘性土あるいは均一な粒径の砂質土の締固め作業に適する。

(3) 地盤のコーン指数が $300\ \mathrm{kN/m^2}$ の場合，一般的な盛土の敷均し作業には，湿地ブルドーザを選定する。

(4) 振動ローラは，粘性の少ない砂利や砂質土の締固めに効果的である。

解答と解説 建設機械の選定

(2) ロードローラは，高含水比の粘性土や均一な粒径の砂質土には不適当である。なお，(3)の地盤のコーン指数は，P30 表1・4 参照のこと。

表5・2 締固め機械と土質との関係

締固め機械	土質との関係
ロードローラ	路床，路盤の締固めや盛土の仕上げに用いられる。粒調材料，切込砂利，礫混じり砂などに適している。
タイヤローラ	砂質土,礫混じり砂,山砂利,マサなど細粒分を適度に含んだ締固め容易な土に最適。その他,高含水比粘性土などの特殊な土を除く普通土に適している。
振動ローラ	岩砕，切込砂利，砂質土などに最適。法面の締固めにも用いる。
タンピングローラ	風化岩，土丹，礫混じり粘性土など，細粒分は多いが鋭敏性の低い土に適している。
振動コンパクタタンパなど	鋭敏な粘性土などを除くほとんどの土に適用できる。他の機械が使用できない狭い場所や法肩などに用いる。

(備考) 鋭敏な粘性土 (P27)，水分を過剰に含んだ砂質土などのようにトラフィカビリティーが容易に得られない土にやむを得ずブルドーザを用いることがある。

解答 (2)

関連問題 工程計画立案時の建設機械の稼働率と制約条件に関して，**適当でないもの**はどれか。

(1) 土工作業の施工可能日数を把握するには，工事着手後に，当該地方の気象，地山性状，建設機械のトラフィカビリティーの調査等を行う。

(2) 土工作業では，稼働率に影響を及ぼす最大要因は天候であり，降水量，降水日の分布，土質による工事再開までの乾燥程度が施工可能日数を決定する。

(3) 稼働率算定に際し必要となる主な調査項目には，天候，風速，凍結，

潮位，出水時期等がある。

(4)　施工可能日数を算出する場合は，建設工事の騒音・振動の規制によって作業時間，作業期間の制約を受ける場合があり，これらも調査する。

解説　**建設機械の稼働率と制約条件**

(1)　**施工可能日数**は，暦日による日数から定休日，天候その他に基づく作業不能日数を差し引いて求める。天候などによる作業不可能日数の算定には，事前調査の結果に基づき，現地の地形・地質・水文気象などの自然条件，土質状況と建設機械のトラフィカビリティー，騒音・振動の規制期間，作業時間の制約など検討する。

解答　(1)

関連問題　建設機械の施工速度に関して，　　　に当てはまる適切な語句の組合せとして，**適当なもの**はどれか。

(1)　施工計画の基礎となる施工速度には，最大施工速度，正常施工速度，　(イ)　に区分される。

(2)　最大施工速度とは，建設機械から一般に期待できる　(ロ)　のことで，製造者が示す公称能力がこれに相当する。

(3)　正常施工速度とは，機械の調整，　(ハ)　，日常整備など，どうしても除くことのできない正常損失時間に対する作業時間効率を用いて算定するものである。

(4)　　(イ)　は，正常損失時間のほか，施工段取り待ち，材料待ち，間違った指示，　(ニ)　，悪天候などの偶発的な損失時間も考慮して算定するもので，工程計画や工事費用の見積りに用いられる。

	(イ)	(ロ)	(ハ)	(ニ)
(1)	最低施工速度	月当たり最大施工量	日常整備	機械の故障
(2)	平均施工速度	時間当たり最大施工量	燃料補給	設計変更
(3)	最低施工速度	工期内最大施工量	設計変更	燃料補給
(4)	平均施工速度	日当たり最大施工量	機械の故障	日常整備

解説　**建設機械の施工速度**　　**応用能力問題**

(2)　工程管理や工事費用の見積りには，**平均施工速度**(整備・修理等正常損失時間に故障・手待ち・天候等の偶発損失時間を考えた速度)を用いる。　**解答**　(2)

重要問題76 ショベル系掘削機械

トラクターショベルの1日当たり積込み作業量（地山土量）として，**正しいものはどれか。**ただし，次に示す条件により計算する。

バケットの山積み容量（q_0）	1.4 m³
バケット係数（K）	0.50
サイクルタイム（C_m）	60秒
土量変化率 L＝ほぐした土量／地山土量	1.20
作業効率（E）	0.8
1日当たり運転時間	6時間

(1)　168 m³　　　(2)　242 m³　　　(3)　263 m³　　　(4)　378 m³

解答と解説　トラクターショベルの積込み作業量

○　**車両系建設機械**は，トラクター（けん引車）に整地・運搬・積込み用のアタッチメントを取り付けた**トラクター系**と掘削用の**ショベル系**に大別される。

(1)　建設機械の**作業能力**は，一般に運転時間当たりの作業量で表す。

ショベル系掘削機の作業能力（m³/h）は，次のとおり。

$$Q = \frac{3,600 \cdot q_0 \cdot K \cdot f \cdot E}{C_m} \qquad \cdots\cdots 式（5\cdot1）$$

$$= \frac{3,600 \times 1.4 \times 0.50 \times (1/1.2) \times 0.8}{60} = 28 \text{ m}^3/\text{h}$$

トラクターショベル

ショベルによる積込みは，ほぐした土量であるから，地山土量＝ほぐした土量／L，故に土量換算係数$f＝1$／1.2となる（P25）。1日当たりの運転時間は6時間，故に1日当たりの積込み作業量は

$$Q = 28（\text{m}^3/\text{h}）\times 6\,\text{h} = 168 \text{ m}^3 \text{となる。}$$　**解答**　(1)

求める土量 Q

÷L （ ほぐした土量 q／地山土量 q ）×L

表5・3　トラクター系建設機械

名　称	規格又は能力	用　途	特　徴
ブルドーザ	2〜47 t（全装備質量）	伐開除根，削土，整地，埋戻し	用途が広い，万能性，堅ろう
タイヤドーザ	18 t前後（〃）	削土，積込み，埋戻し	機動性がよい
湿地ブルドーザ	8〜15 t（〃）	粘性土，湿潤地	履帯幅を広くして接地圧を低下
トラクターショベル	0.3〜1.8 m³（山積容量）	掘削，積込み	用途が広い，万能性，タイヤ式と履帯式

関連問題 ショベル系掘削機に関して，**適当でないもの**はどれか。

(1)　ドラグラインは，機械の設置地盤より低い所を掘削する機械で，掘削半径が小さく，ブームのリーチより遠い所は掘削できない。

(2)　パワーショベルは，機械が設置された地盤より高い所を削りとるのに適した機械で，山の切り崩しなどによく使われている。

(3)　機械式クラムシェルは，バケットをその重みで土砂に食い込ませつかみとる機械で，一般土砂の孔掘り，ウェル等の基礎掘削などに用いられる。

(4)　バックホウは，機械が設置された地盤より低い所を掘削するのに適した機械で，水中掘削もでき，機械の質量に見合った掘削力が得られ，硬い土質をはじめ各土質に適用できる。

解説 **ショベル系掘削機**

○　**ショベル系掘削機**は，走行装置上に旋回体を設け，ブーム先端に各種アタッチメントを取り付けた掘削機をいう。

(1)　**ドラグライン**は，水中掘削や機械の位置より低い所の作業及び表土のはぎ取りなどに適し，軟らかい土の掘削もできる。記述はバックホウである。

表5・4　ショベル系掘削機

名　　称	規格・能力	用　途	特　　徴
パワーショベル	$0.8 \sim 4 \, \text{m}^3$（バケット容量）	掘削，積込み	地盤より高い掘削，360°旋回可能，履帯式とタイヤ式
バックホウ	$0.3 \sim 4.6 \text{m}^3$（〃）	基礎掘削，溝掘り	地盤より低い掘削，あらゆる土質に向く，正確な施工可能
ドラグライン	$0.3 \sim 2.0 \text{m}^3$（〃）	基礎掘削，水中掘削	掘削範囲が広い
クラムシェル	$0.3 \sim 2.0 \text{m}^3$（〃）	基礎掘削，水中掘削	正確な掘削可能

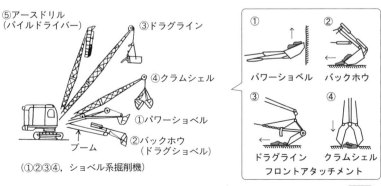

⑤アースドリル（パイルドライバー）　③ドラグライン

④クラムシェル

①パワーショベル

②バックホウ（ドラグショベル）

ブーム

（①②③④，ショベル系掘削機）

①パワーショベル　②バックホウ　③ドラグライン　④クラムシェル

フロントアタッチメント

図5・4　ショベル系掘削機

解答 (1)

5・1

施工計画

重要問題77 工程管理

工程管理に関して，**適当でないもの**はどれか。

(1) 工程管理は，品質，原価，安全等，工事管理の目的とする要件を総合的に調整し，策定された基本の工程計画を基に実施される。

(2) 工程と原価の関係は，施工を速め出来高が上がるにつれ原価は安くなり，さらに施工を速めて突貫作業を行うと原価はより安くなる。

(3) 工程管理は，工事の施工段階を評価測定する基準を時間におき，労働力，機械設備，資材の生産要素を最も効果的に活用することを目的とした管理である。

(4) 工程管理では，工事の施工順序と進捗速度を表す工程表を用い，常に工事の進捗状況を把握し，工程計画と実施のずれを早期に発見し，必要な是正措置をとる。

解答と解説 工程管理

(2) **工程と原価の関係**は，施工を速くして出来高が上がると原価は安くなるが，さらに施工を速めると**突貫工事**（機械の大型化や高価な資材が必要となる不採算工事）となり，逆に**原価は急増する**（P178，図5・6）。

解答 (2)

関連問題 工程計画の一般的な作成手順として，**適当なもの**はどれか。ただし，(イ)～(ニ)の内容は次のとおり。

(イ) 各工種別工事項目の適切な施工期間を決める。

(ロ) 全工事が工期内に完了するよう，各工種別工程の相互調整を行う。

(ハ) 全工期を通じて，労務，資材，機械の必要数を均し，過度の集中や待ち時間が発生しないように工程を調整する。

(ニ) 工種分類に基づき，基本管理項目である工事項目（部分工事）について施工手順を決める。

(1) (イ) → (ハ) → (ニ) → (ロ)　　(2) (イ) → (ニ) → (ロ) → (ハ)

(3) (ニ) → (イ) → (ロ) → (ハ)　　(4) (ニ) → (ハ) → (ロ) → (イ)

解説 工程計画の作成手順

○ **工程管理の作成手順**は，計画（Plan），実施（Do），検討（Check），処置（Action）の4段階を繰り返し実行する（**デミングサイクル**）。

①　工種分類に基づき，各工事（部分工事）の施工手順を決める。

②　各工事（部分工事）の適切な施工期間を決める。

③　全工程が工期内に完了するよう各工種を調整し，工程表を作成する。

④　全工期を通じて忙しさの程度が等しくなるよう労務・資材・機械の必要数を均す。待ち時間をなくすよう工事の配分を考える。

解答　(3)

関連問題　工程管理に関して，**適当でないもの**はどれか。

(1)　工事の進捗状況の確認は，毎日又は毎週，毎月定期的に工事進捗の実績を工程表に記入し，予定工程と実施工程を比較することにより行う。

(2)　進捗状況確認の結果，工程の遅延が判明したときは，直ちに遅延原因を調査し，他の工種に与える影響等を考慮した工事促進の処置をとる。

(3)　予定工程曲線と実施工程曲線のずれとして許容できる範囲とは，一般に突貫工事をすれば工期を守ることができる範囲のことである。

(4)　実施工程曲線が，バナナ曲線（工程管理曲線）の下方許容限界を超えたときは，抜本的な工程の見直しが必要である。

解説　**工事の進捗管理**

(3)　**工事の進捗管理**は，縦軸に日々の工事出来高の累計を，横軸に工期をとった**出来高累計曲線（工程管理曲線）**において，予定工程曲線と実施工程曲線から，工事の進捗状況を把握し，実施工程曲線が予定工程曲線に対し常に安全な区域にあるように，工程を最適となるように管理する。許容できる範囲（経済的・予定工期どおり）としては，**バナナ曲線**（工程管理曲線）内にあれば，一応非採算的な<u>突貫工事は避けられる</u>。

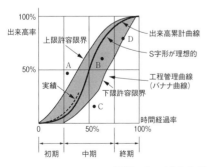

A点：予定より進んでいるが，許容限界外にあり不経済な施工をしているか，あるいは工事内容にミスがあると考えられる。

B点：予定に近いので，今の速度で工事を進めればよい。

C点：遅れているので工程を促進しなければならない。作業手順や人員・機械配分等について再検討する必要がある。

D点：許容限界上だが，工期が終わりに近いので工程を促進しなければならない。

図5・5　バナナ曲線（工程管理曲線）

 解答　(3)

重要問題78　**工程管理の基本**

工程管理を行う上で品質・工程・原価に関して，**適当なもの**はどれか。

(1) 品質と工程の関係は，品質のよいものは時間がかかり，施工を速めて突貫作業をすると品質は悪くなる。

(2) 品質と原価の関係は，よい品質のものは安くできるが，悪い品質のものは逆に原価が高くなる。

(3) 工程と原価の関係は，施工を速めると原価は段々安くなり，さらに施工速度を速めると益々原価は安くなる。

(4) 品質・工程・原価の関係は，相反する性質があることから，それぞれ単独の考え方で計画し，工期を守り，品質を保つように管理する。

解答と解説　**工程管理の品質・工程・原価の関連性**

○　**施工管理**は，品質・工期・経済性を達成するため，基本管理機能として，品質管理，工程管理及び原価管理がある。品質，工程，原価との間には相反する性質がある。これらの調整を図りながら，工期を守り，所定の品質を保ち，経済的な施工計画を立てる。

(1) 工程管理において，工程，原価，品質には，次の相関関係がある。

　① **工程と原価**の関係は，施工速度を速くして施工出来高が上がると原価は安くなるが，更に速めると突貫工事となり原価は急増する（*a* 曲線）。

　② **品質と原価**の関係は，品質を良くすると原価は高くなる（*b* 曲線）。

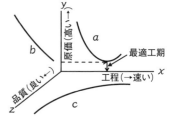

図5・6　**工程・原価・品質の関係**

　③ **工程と品質**の関係は，品質の良いものを施工すれば工程は遅くなり，品質を落せば工程は速くなる（*c* 曲線）。

解答　(1)

関連問題　工程管理の基本的な考え方に関して，**適当でないもの**はどれか。

(1) 工事の進捗管理は，施工計画の立案と実施の「改善機能」及び評価と処置の「統制機能」に大別される。

(2) 工程管理は，施工計画の品質，原価，安全など工事管理の目的とする要件を総合的に調整し，策定された基本の工程計画を基に実施する。

(3) 工程管理を行う場合は，常に工事の進捗状況を把握して計画と実施の
　　ずれを早期に発見し，必要な是正措置を講ずる。

(4) 工程管理は，施工段階の評価測定基準を時間におき，労働力，機械設
　　備，資材などの生産要素を，最も効果的に活用することを目的とする。

解説 **工程管理の基本的な考え方**

(1) **工程管理**は，施工計画の立案，計画を実施する**統制機能**と，施工途中で計
画と実績を評価，欠陥・不具合等の処置を行う**改善機能**とに分別できる。工
程管理の基本は，所定の工期内で，所定の品質を経済的に安全に施工するた
めの管理である。PDCAデミングサイクル（P205）により行う。

解答 (1)

関連問題 工事の工程管理に関して，**適当でないもの**はどれか。

(1) 工程管理は，施工計画において品質，原価，安全など工事管理の目的
　　とする要件を総合的に調整し，策定された基本の工程計画をもとにして
　　実施される。

(2) 工程管理を行う場合は，常に工事の進捗状況を把握して計画と実施の
　　ずれを早期に発見し，必要な是正措置を講ずる。

(3) 横線式工程表は，横軸に日数をとるので各作業の所要日数がわかり，
　　作業の流れが左から右へ移行しているので作業間の関連を把握すること
　　ができる。

(4) 工程曲線は，一つの作業の遅れや変化が工事全体の工期にどのように
　　影響してくるかを早く，正確に把握することに適している。

解説 **工程管理**

○ 工程管理に用いる**工程表**は，各作業用（作業の手順と相互関係，各作業の
完成率）と全体出来高用（全体の進み具合の把握）に分類される。

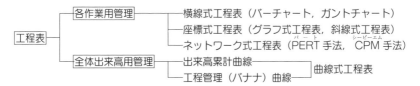

(4) 工程（管理）曲線→ネットワーク工程表。

解答 (4)

5・2
工程管理

重要問題79 各種工程図表1

工程管理に関して，**適当でないもの**はどれか。

(1) ネットワーク工程表は，1つの作業の遅れや変化が工事全体の工期に
　　どのように影響してくるかを早く，正確にとらえることができる。

(2) 工事の進捗状況などを管理するためには，出来高累計曲線あるいは工
　　程管理曲線が使われる。

(3) トンネル工事のように工事区間が線上に長く，進行方向にしか進捗で
　　きない工事では，一般に斜線式工程表が使用される。

(4) グラフ式工程表は，予定と実績の差を直視的に比較でき，各作業の相
　　互関連と重要作業を明確にとらえることができる。

解答と解説　各種工程図表の特徴

○　工程管理では，能率的・経済的かつ安全に施工工程を各段階で計画・管理
　する。各種工程図表を用いて，合理的な工程計画で工事を実施する。

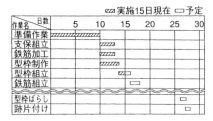

図5・7　バーチャート

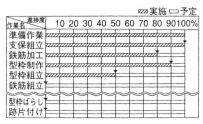

図5・8　ガントチャート

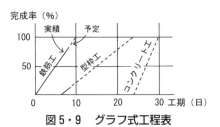

図5・9　グラフ式工程表

Aの後続作業はBとC（平行作業）で，Dの先行作業はBであり，Eの先行作業はCとDとなる！

図5・10　ネットワーク工程表

図5・11　斜線式工程表

表5・5　工程表の種類

工程表	利点	欠点	用途
横線式工程表 （バーチャート， ガントチャート）	作成が容易，見やすく分かりやすい。又修正が容易である。	作業間の関連及び工期に影響する作業が不明確で，合理性に欠ける。	簡単な工程 マスタープラン 概略工程表等
曲線式工程表 （グラフ式工程表， 出来高工程表）	全体的な把握ができ，原価管理，工事の進捗状況が分りやすい。	細部が不明で，作業間の調整ができない。	原価管理 傾向分析
ネットワーク工程表 （PERT，CPM）	全体の把握及び作業間の関係が明確で，最も合理的な工程表。	作業が難しく，修正が困難，熟練を要する。	複雑な工事 大形工事

表5・6　各種工程図表の比較

事項	ガントチャート	バーチャート	曲線式	ネットワーク
作業の手順	不明	漠然	不明	判明
作業に必要な日数	不明	判明	不明	判明
作業進行の度合い	判明	漠然	判明	判明
工期に影響する作業	不明	不明	不明	判明
図表の作成	容易	容易	やや難しい	複雑
短期工事・単純工事	向	向	向	不向

(4)　**グラフ式工程表**は，出来高を縦軸に，日数を横軸にとって，工種ごとの工程を斜線で表した図表である。各作業の相互関連や重要作業がどれか不明である。　　**解答** (4)

関連問題　工程表の種類と特徴に関して，**適当でないもの**はどれか。

(1)　ネットワーク式工程表は，1つの作業の遅れや変化が工事全体の工期にどのように影響してくるかを早く，正確にとらえることができる。

(2)　グラフ式工程表は，予定と実績の差を直視的に比較でき，施工中の作業の進捗状況もよく分かる。

(3)　座標式工程表（斜線式工程表）は，トンネル工事のように工事区間が線上に長く，工事の進行方向が一定の方向に進捗する工事に用いられる。

(4)　ガントチャートは，各作業のある時点の進捗度合いがよく分かり，任意の工事がどの工事の進捗に影響するかを知ることができる。

解説　**工程表の種類と特徴**

(4)　**ガントチャート**では，任意の工事が他の工事に与える影響は分からない。進捗度合，工期に影響する作業が分かるのは，**ネットワーク工程表**である。

解答 (4)

重要問題80 **ネットワーク工程表**

　工程管理のネットワーク式工程表に関して，**適当でないもの**はどれか。

(1)　イベント（結合点）とは，作業と作業の結合点及び作業の開始，終了を示すものとしてマル（○）をつけ○の中に正整数を記入する。

(2)　アクティビティ（作業）とは，任意のある作業のイベントから開始すべき時刻と完了すべき時刻の差のことである。

(3)　最遅結合点時刻とは，工期から逆算して，任意のイベントで完了する作業のすべてが，遅くとも完了していなければならない時刻をいう。

(4)　ダミーとは，所要時間を持たない疑似作業で，アクティビティ相互の関係を示すために使われ，破線に矢印（┈→）で表示される。

解答と解説　ネットワーク工程表

○　**ネットワーク工程表**は，工事全体を**単位作業（アクティビティ）**の集合と考え，これらの作業を施工順序に従って**矢線（アロー）**で表す。矢線の両端は作業の開始と終了を意味し，作業の所要時間で○印（**結合点，イベント**）で表す。

○　矢線と結合点によって，作業の相互の関係（先行作業，後続作業，並行作業）を表す。**ダミー（擬似作業）**は，作業内容を持たず所要時間ゼロの架空作業で，先行・後続作業を明確にするため必要となる。

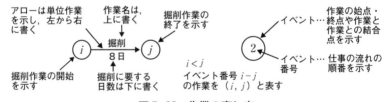

図5・12　作業の表し方

(2)　アクティビティ→作業の所要時間。　　　　　　　　**解答**　(2)

関連問題 ネットワーク式工程表に関して，**適当でないもの**はどれか。

(1)　クリティカルパスでなくともフロートの非常に小さいものは，クリティカルパスとして重点管理する必要がある。

(2)　クリティカルパス以外のアクティビティでも，フロートを消化してしまうとクリティカルパスになる。

(3) クリティカルパスは，開始点から終了点までのすべての経路の中で，最も時間が短い経路である。

(4) クリティカルパスは，トータルフロートがゼロのアクティビティの経路である。

解説 ネットワーク式工程表

(3) **クリティカルパス**は，作業開始点から終了点までのすべての経路の中で，最も時間が長く，全余裕がゼロの経路で，**工期**を表す。最遅開始時刻と最早開始時刻との差が，**フロート（余裕日数）**である。

解答 (3)

[ネットワーク工程表の日程計算]

1．**結合点**とは，ネットワークにおいて作業の替わり目を表し，前の作業の終了点（完了時刻）であると同時に次の作業の開始点（開始時刻）である。

2．**結合点時刻**には，最早結合点（開始）時刻と最遅結合点（完了）時刻の2つがある。**最早結合点時刻**は，結合点から開始できる最も早い時刻をいい，**最遅結合点時刻**は工期から逆算して遅くとも到達していなければならない限界の時刻である。

作業 (i, j) の最早開始時刻 $(EST) = t_i^E$
作業 (i, j) の最早完了時刻 $(EFT) = t_i^E + T_{ij} = t_j^E$
作業 (i, j) の最遅開始時刻 $(LST) = t_i^L - T_{ij} = t_i^L$
作業 (i, j) の最遅完了時刻 $(LFT) = t_i^L$
ただし，$T_{ij} = $ 作業 (i, j) の所要日数

t_i^E 　　$t_j^E = t_i^E + T_{ij}$
$(i) \xrightarrow{T_{ij}} (j)$

$t_i^L = t_j^L - T_{ij}$ 　t_j^L
$(i) \xrightarrow{T_{ij}} (j)$

3．クリティカルパス以外の経路には，工期に影響しないで作業を遅らせることのできる**余裕日数（フロート）**がある。経路上の位置により，**全余裕（トータルフロート）**，**自由余裕（フリーフロート）**等に区分する。

全余裕（T・F）トータルフロート	・最早開始時刻 t_i^E で作業を始め，最遅完了時刻 t_j^L で後続作業を完了する場合に生じる余裕をいう。 ・作業 (i, j) を含む一つの経路に共有する余裕で，ある作業で使いきれば，その後の経路はクリティカルパスとなる。 全余裕 $T \cdot F_{ij} = t_j^L - (t_i^E + T_{ij}) = LFT_j - EFT_j$
自由余裕（F・F）フリーフロート	・最早開始時刻 t_i^E で作業を始め，最早開始時刻 t_j^E で後続作業を始める場合に生じる余裕で，後続作業に影響しないで自由に使用することのできる余裕をいう。 ・一つの経路において，合流する直前の作業にのみ存在するため，$F \cdot F \leq T \cdot F$ となる。 自由余裕 $F \cdot F_{ij} = t_j^E - (t_i^E + T_{ij}) = EST_j - EFT_j$

5・2 工程管理

重要問題81　日程計算

　下図のネットワーク式工程表で示される工事で，作業 E に 2 日間の遅延が発生した場合，**適当なもの**はどれか。

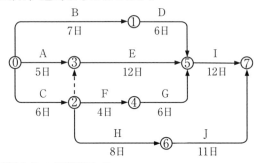

(1)　当初の工期より 1 日間遅れる。

(2)　当初の工期より 2 日間遅れる。

(3)　当初の工期どおり完了する。

(4)　クリティカルパスの経路は当初と変わる。

解答と解説　日程計算

○　当初計画の作業 E を14日に変更して，日程計算をすると次のとおり。

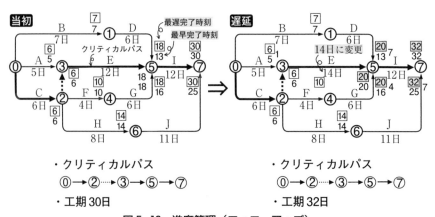

・クリティカルパス

　⓪→②┈┈③→⑤→⑦

・工期30日

・クリティカルパス

　⓪→②┈┈③→⑤→⑦

・工期32日

図 5・13　進度管理（フォローアップ）

(2)　2 日間の遅延が発生した作業 E は，元々クリティカルパス上の経路にあるので，その工期も + 2 日遅れることになる。　　　　**解答** (2)

関連問題 図のネットワーク式工程表に関して，**適当なもの**はどれか。但し，図中のイベント間のA〜Kは作業内容，日数は作業日数を表す。

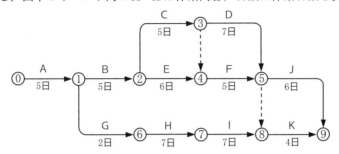

(1) 工事開始から工事完了までの必要日数（工期）は30日である。

(2) クリティカルパスは，⓪→①→⑥→⑦→⑧→⑨ である。

(3) ①→⑥→⑦→⑧ の作業余裕日数は１日である。

(4) 作業Kの最早開始日は，工事開始後26日である。

解説　日程計算

(3) ネットワークの日程計算の結果，(1)は<u>工期28日</u>，(2)<u>クリティカルパス⓪→①→②→③→⑤→⑨</u>，(3)①→⑥→⑦→⑧の経路には１日の全余裕がある。(4)作業Kの最早開始日 t_i^E は22日となる。　　**解答** (3)

1．最早開始時刻 t_i^E

　　最早完了時刻 t_j^E　→　t_i^E　　　$t_j^E = t_i^E + T_{ij}$　前向き計算

　　　　　　　　　　　　　$(i) \xrightarrow{T_{ij}} (j)$　　　イベント⓪→⑨へ計算

2．最遅完了時刻 t_j^L　→　$t_i^L = t_j^L - T_{ij}$　t_j^L　　逆向き計算

　　最遅開始時刻 t_i^L　　　$(i) \xrightarrow{T_{ij}} (j)$　　　イベント⑨→⓪へ計算

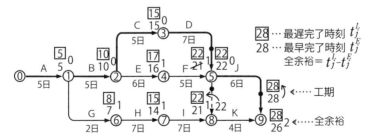

・合流点では結合点時刻の大きいもの（↠）が次の最早開始時刻
・分岐点では結合点時刻の小さいものが最遅完了時刻

図5・14　日程計算

重要問題82　　安全衛生活動

建設業の安全衛生管理体制に関して，**誤っているもの**はどれか。

(1) 総括安全衛生管理者が統括管理する業務には，安全衛生に関する計画の作成，実施，評価及び改善が含まれる。

(2) 安全管理者の職務は，総括安全衛生管理者の業務のうち安全に関する技術的な具体的事項について管理する。

(3) 統括安全衛生責任者は，当該場所においてその事業の実施を統括管理する者が充たり，元方安全衛生管理者の指揮を行う。

(4) 衛生管理者の職務は，総括安全衛生管理者の業務のうち衛生に関する事務的な具体的事項について管理する。

解答と解説　安全衛生管理体制

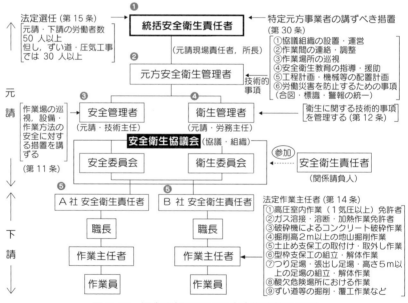

図5・15　混在現場における安全衛生管理体制

❶ 統括安全衛生責任者：混在現場における特定元方事業者等の講ずべき措置（第30条）の事項を統括管理する者。

❷ 元方安全衛生管理者：第30条の事項うち，技術的事項を管理する者（第15条の2）。

❸ 安全管理者：第10・30条の事項うち，安全に係る技術的事項を管理する者。

❹ 衛生管理者：第10・30条の事項うち，衛生に係る技術的事項を管理する者。

❺ 安全衛生責任者：統括安全衛生責任者との連絡等を行う下請の責任者。

○　**個々の事業場の安全組織**：単一企業で常時100人以上の雇用労働者を使用する建設業の事業場では，事業者は**総括安全衛生管理者❶**を選任し，その者に**安全管理者❷**，**衛生管理者❸**を指揮させるとともに，次の業務を統括管理させる（第10条）（図5・16）。

　　なお，常時10〜49人の場合，**安全衛生推進者**が担当する（第12条の2）。

①　危険又は健康障害の防止措置
②　安全・衛生教育の実施
③　健康診断の実施・健康管理
④　労働災害の原因調査及び再発防止対策

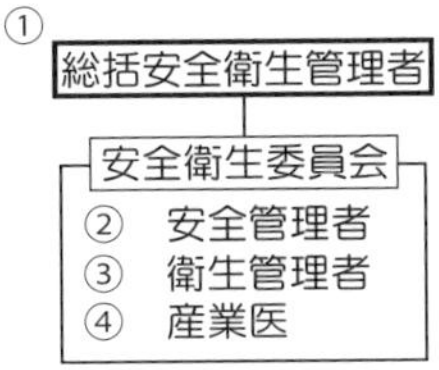

①　総括安全衛生管理者：単一企業の安全衛生の業務を統括管理するもの（常時100人以上）
②　安全管理者：第10・30条の事項のうち，安全に関する技術的事項を管理する者（常時50人以上）
③　衛生管理者：第10・30条の事項のうち，衛生に関する技術的事項を管理する者（常時50人以上）
④　産業医：労働者の健康管理（常時50人以上）

```
①
┌─────────────────────┐
│ 総括安全衛生管理者 │
└─────────────────────┘
        │
┌─────────────────┐
│ 安全衛生委員会 │
│ ② 安全管理者 │
│ ③ 衛生管理者 │
│ ④ 産業医 │
└─────────────────┘
```

図5・16　安全衛生管理体制（単一事業者）

○　**建設現場全体（混在作業）の安全組織**：建設業は，一般に数次の下請（関係請負人）によって工事がなされ，その結果，同一の作業場に事業主の異なる労働者が混在している。この混在によって生じる労働災害を防止するため，特定元方事業者は，**統括安全衛生責任者❶**及び**元方安全衛生管理者❷**を選任し，**特定元方事業者の講ずべき措置**（第30条）の事項を統括管理させる（図5・15）。

○　**元方事業者の講ずべき措置等**（第29条）

　　元方事業者は，関係請負人及び関係請負人の労働者が，当該仕事に関し，この法律又はこれに基づく命令の規定に違反しないよう**必要な指導**を，違反しているときは是正のための**必要な指示**を行なわなければならない。

　　元方事業者は，関係請負人が講ずべき危険防止が適正に講ぜられるように，**技術上の指導**，**必要な措置**を講じなければならない。

○　**特定元方事業者等の講ずべき措置**（第30条）

①　協議組織の設置及び運営を行うこと。
②　作業間の連絡及び調整を行うこと。
③　作業場所を巡視すること。
④　関係請負人が行う労働者の安全又は衛生のための教育に対する指導及び援助を行うこと。

(4)　衛生に関する事務的事項→技術的事項。以上，P122，図3・1参照。

解答　(4)

重要問題83 公衆災害防止対策

建設工事公衆災害防止対策要綱に定める交通対策に関して，**正しいもの**はどれか。

(1) 道路上に高さの高い工事用機械類を設置しておく場合は，それらを白色照明灯で照明し，それらの所在が容易に確認できるようにする。

(2) 道路上で夜間施工する場合の保安灯の設置間隔は，交通流に対面する部分では2m程度，その他の道路に面する部分では4m以下とし，囲いの角の部分では設置を省略することができる。

(3) 工事用の道路標識，標示板等は，周囲の地盤面から高さ0.8m以上2.5m以下の範囲以内に設ける。

(4) 工事のために道路の車線を1車線として，それを往復の交互交通の用に供する場合は，その制限区間をできるだけ長くする。

解答と解説　交通対策

○　**建設工事公衆災害防止対策要綱**は，施工者が市街地で工事をする場合，公衆災害防止のため作業場，交通対策，埋設物等の守るべき事項を定めたもの。

(1) **高い構造物等及び危険箇所の照明**の規定。正しい。

(2) **保安灯**：夜間施工の場合，道路上又はさく等に沿って，高さ1m程度のもので夜間150m前方から視認できる光度を有する**保安灯**を設置する。設置間隔は，交通流に対面する部分では2m程度，その他の道路に面する部分では4m以下とし，囲いの角の部分には特に留意して密に設置する。

(3) **道路標識等**：周辺の地盤面から高さ0.8m以上 2m以下の部分は，通行者の視界を妨げることのないよう必要な措置（金網等を張る）を講ずる。

(4) **車道幅員**：1車線となる場合，その制限区間はできるだけ短くする。

解答 (1)

関連問題 建設工事公衆災害防止対策要綱に定める建設工事に伴う埋設物の公衆災害防止に関して，**誤っているもの**はどれか。

(1) 埋設物が予想される工事では，起業者又は施工者は，施工に先立ち，埋設物の管理者等の台帳に基づいて試掘等を行い，原則として，その埋設物を目視によって確認する。

(2) 施工者は，工事中に露出した埋設物がすでに破損していた場合においては，直ちに発注者及びその埋設物の管理者に連絡し，修理等の措置を

求める。

(3) 道路上で杭，矢板等の打設を行う工事で，埋設物の位置が明確でない場合，埋設物が予想される位置を深さ2m程度まで試掘りし，埋設物の存在を認めたときは布掘り又はつぼ掘りで露出させ，埋設物を確認する。

(4) 可燃性物質の輸送管等の埋設物付近において，施工者は，管理者と協議し，可燃ガス等の存在しないことを確認及び埋設物に保安上の措置を講じても，火気を伴う溶接機や切断機等を使用することができない。

解説　埋設物の確認（火気）

(4) **火気**：可燃性物質の輸送管等の埋設物の付近では，溶接機，切断機等**火気**を伴う機械器具を使用してはならない。やむを得ない場合において，埋設物の管理者と協議し，周囲に可燃性ガス等の存在しないことを検知器等によって確認及び埋設物に保安上の措置を講じたときはこの限りではない。

解答 (4)

関連問題 水道管，下水道管，ガス管等の地下埋設物が予想される場所での掘削作業に関して，**適当なもの**はどれか。

(1) 施工者は，埋設物のないことが明確でない車道部の掘削では，深さ1mまでの試掘りにより埋設物の確認を行う。

(2) 露出した埋設物がすでに破損していた場合は，掘削工事の施工者の責任において，直ちに修理を行う。

(3) 施工者は，露出した埋設物には，埋設物の名称，保安上の必要事項，管理者の連絡先等を記載した標示板を取り付け，工事関係者に注意する。

(4) 施工者は，ガス管が埋設されている近くを掘削する場合，ガス管に触れるおそれのないときには，溶接機等火気を伴う機械器具類を使用することができる。

解説　埋設物の保安維持等

(1) 埋設物の予想される位置を深さ2m程度まで試掘りを行い，埋設物の存在が確認されたときは，**布掘り又はつぼ掘り**を行って露出させる。

(2) 施工者は，直ちに起業者及びその埋設物の管理者に連絡し，修理等の措置を求める（**露出した埋設物の保安維持等**）。

(4) 可燃物の輸送管等の埋設物の付近において，溶接機等**火気**を伴う機械器具を使用してはならない。

解答 (3)

重要問題84 足場の安全基準

鋼管足場の安全に関して，**誤っているもの**はどれか。

(1)　単管足場にあっては，建地間の積載荷重は 400 kg を限度とする。

(2)　わく組足場にあっては，重量物の積載を伴う作業を行う場合に使用する主わくは，高さを 2 m 以下とし，その間隔を 1.85 m 以下とする。

(3)　単管足場にあっては，地上第1の布は，2 m 以下の位置に設ける。

(4)　わく組足場にあっては，梁わく及び持送りわくは，水平筋かいによって縦振れを防止する措置を講ずる。

解答と解説 鋼管足場の安全基準

○　**鋼製足場**には，**単管足場**（パイプ，クランプ，足場板等で組立て）と**わく組足場**（門型の鋼製の建わく，布わく，筋かい等で組立て）がある。

［単管足場の安全基準］

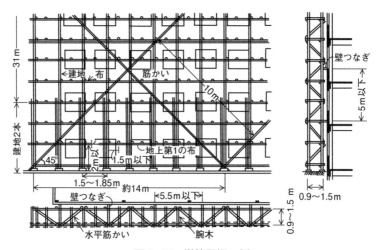

図5・17　単管足場の例

①　建地間隔は，けた行方向1.85m 以下，はり間方向1.5m 以下とする。

②　地上第1の布は，2 m 以下の位置に設ける。

③　建地の最高部から測って31m を超える部分の建地は，鋼管を2本組みとする。

④　建地間の積載荷重は，400kg を限度とする。

［わく組足場の安全基準］

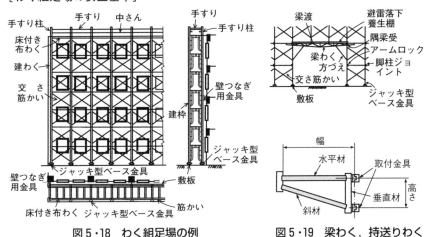

図5・18　わく組足場の例　　**図5・19　梁わく，持送りわく**

① 最上層及び5層以内ごとに水平材を設ける。

② わく組足場の出入口等に使用する**梁わく**及び足場と建物の間に作業床を設ける場合に用いる**持送りわく（ブラケット）**は，水平筋かいその他によって横振れを防止する。

③ 高さ20mを超えるとき及び重量物の積載を伴う作業を行うときは，使用する主わくは，高さ2m以下，主わく間隔は1.85m以下とする。

解答　(4)

関連問題 足場，作業床の組立等に関して，**誤っているもの**はどれか。

(1) 事業者は，足場の組立て等作業主任者に，作業の方法及び労働者の配置，作業の進行状況の監視，材料の欠点の有無の点検をさせる。

(2) 事業者は，強風，大雨，大雪等の悪天候若しくは中震（震度4）以上の地震の後，足場作業を行うときは，作業開始後直ちに点検させる。

(3) 事業者は，足場の組立て等作業において，材料，器具，工具等を上げ，又は下ろすときは，つり綱，つり袋等を労働者に使用させる。

(4) 事業者は，足場の構造及び材料に応じて，作業床の最大積載荷重を定め，かつ，これを超えて積載してはならない。

解説 足場，作業床の組立等

(2) 作業開始後→作業開始前（**点検**，則第567条）。

　　なお，(1)**足場の組立て等作業主任者の職務**（則第566条），(3)**足場の組立て等の作業**（則第564条），(4)**最大積載荷重**（則第562条）の規定。**解答**　(2)

5・3

安全管理

重要問題85 型わく支保工, 土止め支保工の安全基準

型わく支保工の安全に関して, **正しいもの**はどれか。

(1) 木材を継いで支柱として用いる場合は, 重合せ継手とする。

(2) 鋼管を支柱として用いる場合は, 高さ3m以内ごとに水平つなぎを2方向に設け, かつ, 水平つなぎの変位を防止する。

(3) 鋼管わくを支柱として用いる場合は, 鋼管わくと鋼管わくとの間に交差筋かいを設ける。

(4) パイプサポートを支柱として用いる場合は, パイプサポートを3以上継いで用いてはならない。その継手には3以上のボルトを用いる。

解答と解説　型わく支保工の安全基準

○　スラブ, 梁等の型わく及びコンクリートの重量を支える**型わく支保工**には, 木材, 鋼管（単管支柱）, パイプサポート, 鋼管枠等が用いられる。

(1) **木材を支柱**として用いる場合は, 高さ2m以内ごとに水平つなぎを2方向に設け, かつ水平つなぎの変位を防止する。木材を継いで用いるときは, 2個以上の添え物を用いて継ぐ。

(2) **鋼管（パイプサポートを除く）を支柱**として用いる場合は, 高さ2m以内ごとに水平つなぎを2方向に設け, かつ, 水平つなぎの変位を防止する。

(4) **パイプサポートを支柱**として用いる場合は, パイプサポートを3以上継いで用いない。パイプサポートを継いで用いるときは, 4以上のボルト又は専用の金具を用いて継ぐ。

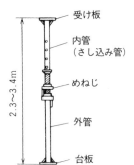

高さが3.5mを超える場合には2m以内ごとに水平つなぎを2方向に設け, かつ水平つなぎの変位を防止する。

パイプサポートを3以上継いで用いない。

4以上のボルト又は専用の金具を用いて継ぐ。

上下2本のパイプサポートで長さを調整する。

受け板
内管（さし込み管）
めねじ
外管
台板

2.3～3.4m

図5・20　パイプサポートによる型わく支保工

 解答　(3)

関連問題 型わく支保工の安全に関して，**正しいもの**はどれか。

(1) 型わく支保工の組立て等作業主任者は，型わく支保工の組立て等作業主任者の免許を受けた者のうちから，選任しなければならない。

(2) 木材を継いで支柱として用いるときは，1個以上の添え物を用いて継がなければならない。

(3) コンクリートの打設について，その日の作業を開始する前に，型わく支保工について点検し，異常を認めたときは補修する。

(4) 支柱の継手は，重合せ継手とし，差込み継手は用いてはならない。

解説 **型わく支保工の安全基準**

(1) **型わく支保工の組立て等作業主任者**の資格は，技能講習修了者である。

(2) **木材を継いで用いるとき**は，2個以上の添え物を用いて継ぐ。

(4) **支柱の継手**は，突合せ継手又は差込み継手とする。

解答 (3)

関連問題 土止め支保工の安全に関して，**誤っているもの**はどれか。

(1) 土止め支保工を設けたときは，その後14日を超えない期間ごと及び中震以上の地震の後に土止め支保工を点検しなければならない。

(2) 切ばり又は火打ちの接続部及び切ばりと切ばりとの交差部は，当て板をあててボルトで緊結し，溶接により接合するなど堅固にする。

(3) 土止め支保工の材料，器具又は工具を上げ又は下ろすときは，吊綱，吊袋等を労働者に使用させる。

(4) 土止め支保工を組み立てるときは，あらかじめ組立図を作成し，当該組立図により組み立てなければならない。

解説 **土止め支保工の安全基準**

○ **土止め支保工の切ばり又は腹起しの取付け又は取はずし作業**は，**土止め支保工作業主任者**を選任して行う。

(1) 土止め支保工を設けたときは，その後7日を超えない期間ごと，中震（震度4）以上の地震の後及び大雨等の後，点検し，異常を認めたときは，直ちに，補強し又は補修しなければならない（労衛則第373条，**点検**）。

なお，(2)**部材の取付け等**（則第371条），(3)**切ばり等の作業**（則第372条），(4)**組立図**（則第370条）の規定である（P60参照）。

解答 (1)

5
・
3

安全管理

重要問題86 **移動式クレーンの安全基準**

移動式クレーンの災害防止のために事業者が講じるべき措置に関して，□□□に当てはまる語句として，クレーン等安全規則上，**正しいもの**はどれか。

・クレーン機能付き油圧ショベルを小型移動式クレーンとして使用する場合，車両系建設機械の運転技能講習を修了している者を，クレーン作業の運転者として従事させることが □(イ)□。

・強風のため，移動式クレーンの作業の実施について危険が予想されるときは，当該作業を □(ロ)□ しなければならない。

・移動式クレーンの運転者及び玉掛けをする者が当該移動式クレーンの □(ハ)□ を常時知ることができるよう，表示その他の措置を講じなければならない。

・移動式クレーンを用いて作業を行うときは，□(ニ)□ に，巻過防止措置，過負荷警報装置等の機能について点検を行わなければならない。

	(イ)	(ロ)	(ハ)	(ニ)
(1)	できる	特に注意して実施	定格荷重	その作業の前日まで
(2)	できない	特に注意して実施	最大つり荷重	その日の作業を開始する前
(3)	できる	中止	最大つり荷重	その作業の前日まで
(4)	できない	中止	定格荷重	その日の作業を開始する前

解答と解説 移動式クレーン（事業者の講じるべき措置） **応用能力問題**

(イ) 車両系建設機械と移動式クレーン双方の資格が必要となる。

(ロ) **強風時の作業中止**（第74条の3）の規定。

(ハ) **定格荷重の表示等**（第70条の2）の規定。

(ニ) **作業開始前の点検**（第78条）の規定。

解答 (4)

関連問題 移動式クレーンの作業を行うため現場責任者の指示に関して，**適当でないもの**はどれか。

(1) 安全装置（過負荷防止装置等）は，常に正しく作動するよう整備・点検して，作業開始時は安全装置が確実に作動していることを確認させた。

(2) 作業にあたっては，常に作業地盤の耐力を確認し，耐力が十分でない

　　場合は，必要な措置をとるように指示した。

(3)　定格総荷重は，吊具の重量を控除した荷重であり，ジブの傾斜角や長さにより異なるので，吊上げ荷重を間違うことのないように注意した。

(4)　アウトリガやクローラは最大限に張り出して使用しなければならないが，現場条件によりこれらを最大限に張り出せなかったので，作業内容の検討，吊上げ荷重の制限等の措置を講ずる指示をした。

解説　移動式クレーンの安全基準

(3)　**定格総荷重**とは，ジブの長さ，傾斜角に応じて吊具等を含めたクレーンに負荷させることのできる最大の荷重をいう。定格総荷重の最大のものを**吊上げ荷重**という。実際の作業は，フック等の吊具の荷重を除いた吊り上げることのできる正味の荷重（**定格荷重**）内で行う。　　　**解答** (3)

図5・21　移動式クレーン

5・3

安全管理

関連問題　移動式クレーンに係る玉掛け作業時の労働災害を防止するための作業分担に関して，**適当でないもの**はどれか。

(1)　事業者は，作業標準の作成及び関係労働者の作業配置の決定をするほか，作業責任者に作業前打合せの実施を行わせなければならない。

(2)　玉掛け作業責任者は，クレーンの据付け状況及び運搬経路を含む作業範囲内の状況を確認し，必要な場合は障害物の除去を行う。

(3)　合図者は，クレーン運転者及び玉掛け者が視認できる場所に位置し，玉掛け者からの合図を受けた際は，関係労働者の退避状況と第三者の立入りがないことを確認して，クレーン運転者に合図を行う。

(4)　玉掛け者は，作業開始前に，使用するクレーンに係る点検を行い，据付け地盤の状況を確認し，必要な場合は地盤の補強等の措置を行う。

解説　玉掛け作業の安全に係るガイドライン

(4)　**クレーン等運転者が実施する事項**：玉掛け者→クレーン運転者。

　　クレーン運転者は，作業開始前に，据付け地盤の状況を確認し，必要な場合は地盤の補強等の措置を要請し，必要な措置を講じた上で，据え付ける。

解答 (4)

重要問題87 車両系建設機械の安全基準

ブルドーザ, バックホウ等の車両系建設機械を用いて作業を行う場合の安全作業に関して, **適当でないもの**はどれか。

(1) 作業を行う機械走行の制限速度は, 作業箇所の地形, 地質の状態によらず, 使用する機械の能力に基づいて定め, それにより作業を行う。

(2) 地形, 地質の状態等の調査により判明した現場条件に適応する作業計画を定め, それに従って作業を行う。

(3) 建設機械の転倒, 転落防止を図るため, あらかじめ当該作業に係る場所について, 地形, 地質の状態等を調査し, その結果を記録しておく。

(4) 路肩, 傾斜地等で建設機械を使用する場合には, 必要に応じて誘導員を配置し, その者に機械の誘導を行わせる。

解答と解説 車両系建設機械の安全基準

○ **車両系建設機械**は, 動力により不特定の場所に自走できる建設機械をいう。

(1) **制限速度** (則第156条)：車両系建設機械 (最高速度が 10 km/h 以下のものを除く) を用いて作業を行うときは, あらかじめ, 当該に係る場所の地形, 地質の状態等に応じた車両系建設機械の適正な制限速度を定め, これにより作業を行う。

なお, (2)**作業計画** (則第155条), (3)**調査及び記録** (則第154条), (4)**転落等の防止等** (則第157条) の規定である。

解答 (1)

関連問題 労働安全衛生規則上, 車両系建設機械の安全に関して, **誤っているもの**はどれか。

(1) 車両系建設機械を1週間ごとに1回, 定期に自主検査を行っている場合は, ブレーキ・クラッチの作業開始前点検を省略することができる。

(2) 運転者が車両系建設機械の運転位置から離れるときは, バケット, ジッパー等の作業装置を地上に下ろすとともに, 原動機を止めなければならない。

(3) 車両系建設機械であるパワーショベルを, 荷の吊上げに用いる等, 主たる用途以外に原則として使用してはならない。

(4) 車両系建設機械を用いて作業を行う場合, 転倒, 転落等のおそれがあるときは, 誘導者を配置し, その者に機械を誘導させなければならない。

(解説) 車両系建設機械の安全基準

○　車両系建設機械には，①整地・運搬・積込み用機械，②掘削用機械，③基礎工事用機械，④締固め機械がある。①，②，③の3t以上の機械には技能講習修了者が，3t未満は特別教育修了者が就く。

(1)　**作業開始前点検**（則第170条）：車両系建設機械を用いて作業を行うときは，その日の作業を開始する前に，ブレーキ及びクラッチの機能について点検を行わなければならない。

　　なお，(2)**運転位置から離れる場合の措置**（則第160条），(3)**主たる用途以外の使用制限**（則第164条），(4)**転落等の防止**（則第157条）の規定。

(解答) (1)

関連問題 建設機械の災害防止のために事業者が講じるべき措置に関して，□□□に当てはまる語句の組合せとして，**正しいもの**は次のうちどれか。

・車両系建設機械の運転者が運転席を離れる際は，原動機を止め，□(イ)□，走行ブレーキをかける等の逸走を防止する措置を講じなければならない。

・車両系建設機械のブームやアームを上げ，その下で修理や点検を行う場合は，労働者の危険を防止するため，□(ロ)□，安全ブロック等を使用させなければならない。

・車両系荷役運搬機械等を用いた作業を行う場合，路肩や傾斜地で労働者に危険が生ずるおそれがあるときは，□(ハ)□を配置しなければならない。

・車両系荷役運搬機械等を用いた作業を行うときは，□(ニ)□を定めなければならない。

	(イ)	(ロ)	(ハ)	(ニ)
(1)	かつ	保護帽	警備員	作業主任者
(2)	かつ	安全支柱	誘導者	作業指揮者
(3)	又は	保護帽	誘導者	作業主任者
(4)	又は	安全支柱	警備員	作業指揮者

(解説) 建設機械の災害防止　　**応用能力問題**

(イ)**運転位置から離れる場合の措置**（則第160条），(ロ)**ブーム等の降下による危険の防止**（則第166条），(ハ)**転落等の防止**（則第157条），(ニ)**作業指揮者**（則第151条の4）

(解答) (2)

重要問題88 明り掘削作業の安全基準

明り掘削の安全に関して，**誤っている**ものはどれか。

(1) 運搬機械等の後進による危険や転落を防止するため，運転者は配置された誘導者が行う誘導に従う。

(2) 地山の掘削作業主任者は，作業の方法を決定し，その作業を直接指揮するとともに，墜落制止用器具等及び保護帽の使用状況を監視する。

(3) 露出したガス導管の防護の作業は，指名された指揮者の直接の指揮のもとで行う。

(4) 指名された点検者は，その日の作業の終了後，大雨の後，及び強震以上の地震の後に，浮石・き裂の有無や含水・湧水・凍結の状態の変化を点検する。

解答と解説 明り掘削の安全基準

(4) 事業者は，点検者を指名して，作業箇所及びその周辺の地山について，その日の作業を**開始する前**，大雨の後及び**中震**以上の地震の後，浮石及びき裂の有無及び状態を点検させる（則第358条，**点検**）。

解答 (4)

関連問題 明り掘削の作業に関して，**正しい**ものはどれか。

(1) 手掘りにより，砂からなる地山を，掘削面の高さが5mとなるよう掘削する場合に，掘削面の勾配を40度として作業を行った。

(2) 水道管埋設工事で溝掘掘削を行ったところ，電柱の側面が露出してしまい，倒壊の危険性があったため変位を計測しながら作業を行った。

(3) 深さ1.5mの溝掘掘削作業において，前日かなり雨が降ったので，指名された点検者が作業開始前に安全確認をして掘削作業を行った。

(4) 土止め支保工を設けて掘削を行う場合，掘削深さがわずか2mであったので，あらかじめ支保工の組立図を作成せずに土止め支保工を設けて，掘削作業を行った。

解説 明り掘削作業の安全基準

(1) パワーショベル，トラクター等の掘削機械を用いないで行う**手掘り掘削**では，**掘削面の勾配の基準**を表5・7のとおりとする（則第356条）。

砂からなる地山にあっては，掘削面の勾配を35°以下とし，又は掘削面の

高さを 5 m 未満とする。

(2) 埋設物等又は建設物に近接する箇所での掘削作業を行う場合，補強・移設等の危険防止の措置が講じられた後でなければ，作業を行ってはならない。

表5・7　手掘り掘削の安全基準（則第356条）

地　山　の　種　類	掘削面の高さ(m)	掘削面の勾配(度)
岩 盤 又 は 堅 い 粘 土	5　未　満 5　以　上	90°以下 75°　〃
そ　　　の　　　他	2　未　満 2以上5未満 5　以　上	90°　〃 75°　〃 60°　〃
砂	掘削面の勾配35°以下 又は高さ5m未満	
発破等で崩壊しやすい状態になっている地山	掘削面の勾配45°以下 又は高さ2m未満	

(4) 土止め支保工を組み立てるときは，あらかじめ，組立図を作成し，かつ当該組立図により組み立てなければならない（則第370条，**組立図**）。

解答 (3)

関連問題 明り掘削作業にあたり事業者が遵守しなければならない事項に関して，**誤っているもの**はどれか。

(1) 掘削機械等の使用によるガス導管等地下に在する工作物の損壊により労働者に危険を及ぼすおそれのあるときは，誘導員を配置し，その監視のもとに作業を行わなければならない。

(2) 明り掘削の作業を行う場所については，当該作業を安全に行うため必要な照度を保持しなければならない。

(3) 明り掘削の作業では，地山の崩壊，土石の落下等による危険を防止するため，あらかじめ，土止め支保工や防護網の設置，労働者の立入禁止等の措置を講じなければならない。

(4) 明り掘削の作業を行う際には，あらかじめ，運搬機械等の運行経路や土石の積卸し場所への出入りの方法を定め，関係労働者に周知させなければならない。

解説 事業者が講ずべき事項

(1) **埋設物等による危険の防止**：明り掘削の作業により露出したガス導管の損壊により労働者に危険を及ぼすおそれのある場合は，つり防護，受け防護，又はガス導管の移設等の措置を行う。防護の作業については，当該作業を指揮する者を指名して，その者の直接指揮のもとに行う（則第362条）。

　　なお，(2)**照明の保持**（則第367条），(3)**地山の崩壊等による危険の防止**（則第361条），(4)**運搬機械等の運行の経路等**（則第364条）の規定。　**解答** (1)

重要問題89 土石流・急傾斜地等の危険防止

事業者が土石流危険河川において建設工事の作業を行うとき，土石流による労働者の危険防止に関する定めとして，**誤っているもの**はどれか。

(1) 土石流が発生した場合に関係労働者に速やかに知らせるためのサイレン，非常ベル等の警報用の設備を設け，その設置場所を周知する。

(2) 土石流が発生した場合に労働者を安全に避難させるための避難用の設備を適当な箇所に設け，関係労働者に対し，その設置場所及び使用方法を周知する。

(3) 避難訓練は，全ての労働者を対象に工事期間中に1回行い，避難訓練の記録を1年間保存する。

(4) 土石流発生時の安全な避難場所を定め，避難に使用する架設通路が高さが8m以上の登さん橋には7m以内毎に踊場を設ける。

解答と解説　土石流による危険の防止

(3) 事業者は，土石流危険河川において建設工事の作業を行うときは，土石流が発生したときに備えるため，関係労働者に対し，<u>工事開始後遅滞なく1回，及びその後6月以内ごとに1回，避難の訓練を行い</u>，その記録を<u>3年間保存</u>しなければならない（則第575条の16，**避難の訓練**）。

解答　(3)

関連問題　急傾斜地での斜面掘削作業に関して，**適当でないもの**はどれか。

(1) 斜面の切り落とし作業は，原則として上部から下部へ切り落とすこととし，すかし掘りは絶対に行わない。

(2) 斜面最下部に擁壁を築造する際は，崩落の危険防止のため，擁壁の延長方向に長い距離を連続して掘削し擁壁の区割り施工は行わない。

(3) 斜面の岩盤に節理などの岩の目があり，法面の方向と一致している流れ盤である場合，岩盤は，この目に沿ってすべりやすいので注意する。

(4) 浮石や湧水などの毎日の地山点検は，指名された点検者が行い，危険箇所には，立入禁止の措置をする。

解説　急傾斜地の掘削作業

(2) 擁壁の延長方向に長い距離を連続的に掘削するのは斜面の不安定化につながる。<u>部分的に施工するか，区割りにより施工する</u>。

解答　(2)

関連問題 急傾斜の斜面掘削作業に関して，**適当でないもの**はどれか。

(1)　毎日の作業箇所の浮石，湧水などの地山の点検は，指名された点検者が行い，浮石や転石を処理するときは監視人を配置した。

(2)　斜面の切り落とし作業は，原則として上部から下部へ切り落とし，すかし掘りは回避し，やむを得ず上下作業となる箇所に丈夫な防護柵を設け監視人を配置した。

(3)　斜面を切り落とす岩の節理などの岩の目は，法面の方向と一致している受け盤で，落石の危険があるので落石防護柵を敷設してから切り落とし作業を行った。

(4)　斜面の切り落としの高さは 2 m 以上となったので安全帯を使用し，親綱は丈夫な立木に結び，安全帯はグリップなどを使用して親綱と連結した。

解説 急斜面の掘削作業の安全作業

(3)　受け盤→流れ盤。落石の危険は，岩の節理などの岩の目が法面の方向と一致している流れ盤で生じる。落石の恐れがある場合には，浮石の除去，落石防止設備の設置，監視員の配置等の対策を講じること。

解答 (3)

関連問題 下水道管渠内工事にあたり，局地的な大雨に対する安全対策について，請負者が行うべき事項に関して，**適当でないもの**はどれか。

(1)　工事着手の前には，当該作業箇所の地形，気象等の現場特性に関する資料や情報を収集・分析し，急激な増水による危険性をあらかじめ十分把握することが必要である。

(2)　工事の中止は，工事着手前に「発注者が定める標準的な中止基準」をふまえ「現場特性に応じた中止基準」を設定し，工事開始後は的確に工事中止の判断をすることが必要である。

(3)　工事を行う日には，全作業員に対し作業開始前に使用する安全器具の設置状況，使用方法，当日の天候の情報，退避時の対応方策等についてツールボックスミーティング等を通じて，周知徹底する。

(4)　管渠内での作業員の退避は，当該現場の上流側の人孔を基本とすることが原則であり，あらかじめルート等を定めておく。

解説 局地的大雨に対する安全対策

(4)　退避については，原則，当該現場の下流側人孔を基本とする。**解答** (4)

重要問題90 解体作業・高圧室内作業等の安全基準

コンクリート構造物の解体作業に関して，**適当でないもの**はどれか。

(1) 圧砕機及び大型ブレーカによる取壊しでは，解体する構造物からコンクリート片の飛散，落下する範囲及び構造物自体の倒壊，崩落範囲を予測し，作業員，建設機械を安全な作業位置に配置しなければならない。

(2) カッタによる取壊しでは，撤去側躯体ブロックへのカッタ取付けを禁止するとともに，切断面付近にシートを設置して冷却水の飛散防止を図る。

(3) ウォータージェットによる取壊しでは，防護フェンスを設置し，ウォータージェットの水流が対象物の裏側に貫通するので立入禁止とする。

(4) 転倒方式による取壊しでは，解体する主構造部に複数本の引きワイヤを堅固に取付け，引きワイヤで加力する際は，繰返して荷重をかける。

解答と解説　コンクリート構造物の解体作業

(1) 高さ5 m以上のコンクリート構造物の解体作業は，**解体等作業主任者**を選任して行う（P124）。**圧砕機，鉄骨切断機，大型ブレーカ**による取壊しでは，重機作業半径内への立入禁止，重機の足元の安定を確認する。

(2) **カッタ**による取壊しでは，回転部の養生及び冷却水の確保を行う。切断部材はクレーン等による仮吊り，搬出とする。

(3) **ウォータージェット**による取壊しでは，防護カバーを使用し，スラリーの処理を行う。

(4) **転倒方式**による取壊しでは，小規模スパン割で，自立安定のための引ワイヤ等を設け，足元縁切等行い，転倒作業は必ず一連の作業で行う。

解答 (4)

関連問題　高圧室内作業の安全に関して，**正しいもの**はどれか。

(1) 高圧室内業務に常時従事する労働者に対し，当該業務に就いた後1年以内ごとに1回，定期に医師による健康診断を行わなければならない。

(2) 作業室及び気閘室へ送気する空気圧縮機の運転業務に労働者を就かせるときは，当該業務に関する特別の教育を行わなければならない。

(3) 潜函の作業室へ送気するための送気管は，シャフトの中に通し，当該作業室へ配管しなければならない。

(4) 高圧室内作業を行う場合には，作業室2室ごとに1人の高圧室内作業主任者を選任しなければならない。

解説 **高圧室内作業の安全基準**

○ 　高圧室内作業については，高圧作業安全衛生規則により，作業室ごとに高圧室内作業主任者を選任し，作業方法の決定，作業者の直接指揮，測定器具の点検，作業室への入退作業者の人数の点検，作業室の加減圧を適正に行う等の業務を行わせる（第10条，**作業主任者**）。

(1)　高圧室内業務に常時従事する労働者に対しては，当該業務に就いた後6ヶ月以内ごとに1回，定期に医師による健康診断を行わなければならない。

(3)　潜函の作業室又は気閘室へ送気するための送気管を，シャフトの中を通すことなく当該作業室又は気閘室へ配管しなければならない。

(4)　作業室ごとに，高圧室内作業主任者を選任しなければならない。

 (2)

関連問題 雨水が滞留し酸欠のおそれがある暗きょ内部で改修工事を行う場合，現場責任者が行った措置として，**適当でないもの**はどれか。

(1)　作業を開始する前に，暗きょ内部の空気中の酸素濃度を測定させた。

(2)　暗きょ内部に入場させるときの人員点検を実施せずに，作業の状況を監視する監視人を配置して作業を行った。

(3)　暗きょ内部の作業場所において，酸素濃度が18％以上となるよう作業中換気を行わせた。

(4)　酸素欠乏危険作業主任者による作業指揮を行わせた。

解説 **酸素欠乏防止の安全基準**

○ 　**酸素欠乏危険場所**は，次のとおり。

　① 　第1鉄塩類，第1マンガン塩類，メタン・エタン等を含有する地層。

　② 　炭酸水を湧水とする地層・腐食層，これらに接する井戸。

　③ 　長時間使用されていない井戸。

　④ 　海水のあるケーブル等の暗きょ，マンホール，浄化槽，汚水桝内部。

(2)　**酸素欠乏場所**（酸素濃度18％未満）の作業にあっては，酸素欠乏防止規則により，**酸素欠乏危険作業主任者**を選任する。酸欠場所については，その日の作業開始前に酸素濃度を測定し，労働者を従事させる場合は測定器具を備え，酸素濃度を18％以上に保つよう換気しなければならない。

　　酸欠場所での作業を行う場合，酸欠場所（暗きょ内部）に入場及び退場する人員を点検すること（第8条，**人員の点検**）。

解答 (2)

重要問題91 品質特性

品質管理について，次のうち**適当なもの**はどれか。

(1) 建設業者は，品質管理のために安定した工程を維持する管理活動と，品質が満足しない場合に工程能力を向上させる改善活動を行う。

(2) 品質管理の手順は，標準品質を決めてから，管理特性を決め，作業標準に従って作業を行うという順である。

(3) 性能規定仕様で発注される工事の品質管理項目は，発注者がすべてを設定する。

(4) 工程能力図は，測定値が規格を満足しているかを管理する手法であるが，時間的な変化は把握できない。

解答と解説 品質管理

(1) **品質管理**には，ヒストグラム・工程能力図による規格値及び管理図による工程を維持する**管理活動**と，工程能力を向上させる**改善活動**の二面がある。

(2) 品質管理の手順には，**品質特性**（品質の構成要素）の選定→**品質標準**（品質の目標）の設定→**作業標準**（作業方法）の決定→**分析確認**の順である。

(3) **性能規定仕様**とは，発注者の性能規定に対し，受注者が材料の選定・施工方法等を提案して承認を得た上で施工するものである。完成後，規定性能が満たされない場合は，受注者が機能回復措置をとる。品質管理項目は，受注者が提案し，発注者がすべてを設定することはない。

(4) 工程能力図は，品質特性値の時間的変化・傾向を把握するのに用いる。

解答 (1)

関連問題 品質特性選定の留意点として，**適当でないもの**はどれか。

(1) 管理すべき品質特性が複数ある場合は，その中から品質特性を1つ選び管理する。

(2) 品質特性を定める場合には，工程上管理しやすく，かつ，早期に測定結果のわかる品質特性を選び管理する。

(3) 代用特性を品質特性として用いる場合は，目的としている品質特性と代用特性との関係が明確である品質特性を選び管理する。

(4) 設計図及び仕様書に定められた品質に重要な影響を及ぼす品質特性を選び管理する。

(解説) 品質特性の選定の留意点

○　**品質特性**（品質を構成する要素，客観的評価をするための機能・性能・信頼性等の性質）を決定するにあたっては，次の点に留意する。

①　工程（作業）の状態を総合的に表わすもの。

②　代用特性（真の品質特性と密接な関係があり，その代わりとなり得る品質特性）が明確なもの。

③　設計品質に重要な影響を及ぼすもの。

④　測定し易いもの，早期に結果が得られるもの。

⑤　工程に対して処置のとりやすいもの。

(1)　要求される品質・規格が複数ある場合，要求事項を全て満足させる。

(解答) (1)

関連問題　品質管理を実施するにあたっての一般的な手順として，**適当なもの**はどれか。但し，㋐～㋘は下記のとおり。

㋐　管理の対象となる品質標準を決める。

㋑　品質標準を守るための作業標準を決める。

㋒　管理しようとする品質特性を決める。

㋓　ヒストグラムにより規格を，管理図により工程の安定を確認する。

㋔　作業標準に従って施工し，データを採る。

(1)　㋑→㋔→㋐→㋒→㋓　　(2)　㋒→㋐→㋑→㋔→㋓

(3)　㋐→㋑→㋔→㋓→㋒　　(4)　㋒→㋑→㋔→㋓→㋐

(解説) 品質管理の手順

(2)　**品質管理**では，管理しようとする**品質特性**を決め，その特性について管理の対象となる**品質標準**（達成すべき品質の目標）を設定し，これを実現するための**作業標準**（作業方法，使用資機材）を決定する。手順は次のとおり。

品質特性の選定→品質標準の設定→作業標準の決定→分析確認。

図 5・22　デミング（PDCA）サイクル

(解答) (2)

重要問題92 規格の管理・工程の管理

　品質管理に使用される下図のようなヒストグラム及び $\bar{x}-R$ 管理図に関して，**適当でないもの**はどれか。

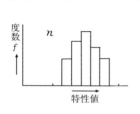

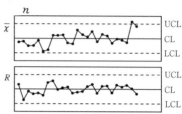

(1)　ヒストグラムは，データの存在する範囲をいくつかの区間に分け，それぞれの区間に入るデータの数を度数として高さに表した図である。

(2)　ヒストグラムは，規格値に対してどのような割合で規格の中に入っているか，規格値に対してどの程度ゆとりがあるかを判定できる。

(3)　$\bar{x}-R$ 管理図は，中心線（CL）と上方管理限界線（UCL）及び下方管理限界線（LCL）で表した図である。

(4)　$\bar{x}-R$ 管理図では，$\bar{x}$ は群の範囲，R は群の平均を表し，$\bar{x}$ 管理図では分布を管理し，R 管理図では平均値の変化を管理するものである。

解答と解説　ヒストグラム，$\bar{x}-R$ 管理図

(4)　$\bar{x}-R$ 管理図は，データの平均値 $\bar{x}$ とそのバラツキの範囲 R で，工程の安定状態を管理する。なお，**ヒストグラム**はデータの分布とゆとりの関係をみる規格の管理である。

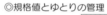

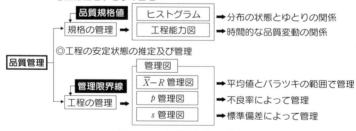

図5・23　品質管理の手法

表5・8　ヒストグラムの見方

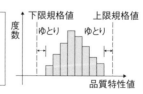

①	規格値を満足しているか。
②	分布の位置は適当か。
③	分布の幅はどうか。
④	離れ島のように飛び離れたデータはないか。
⑤	分布の山が二つ以上ないか。
⑥	分布の右又は左が絶壁型となっていないか。

解答 (4)

関連問題 建設工事の品質管理における「工種」，「品質特性」及び「試験方法」に関する組合せのうち，**適当なもの**はどれか。

［工種］	［品質特性］	［試験方法］

(1)　コンクリート工…………スランプ…………圧縮強度試験
(2)　路盤工…………………支持力……………CBR試験
(3)　アスファルト舗装工……安定度……………平坦性試験
(4)　土工…………………たわみ量…………平板載荷試験

解説 品質特性と試験方法

表5・9　品質特性の一例

工　種		品　質　特　性	試　験　方　法
コンクリート工	骨　材	比重及び含水率 粒度（細骨材，粗骨材） 単位容積質量 すり減り減量（粗骨材） 表面水量（細骨材） 安定性	比重及び含水率試験 ふるい分け試験 単位容積質量試験 すり減り試験 表面水率試験 安定性試験
	コンクリート	単位容積質量 スランプ 空気量 圧縮強度，曲げ強度	単位容積質量試験 スランプ試験 空気量試験 圧縮強度試験，曲げ強度試験
土　工	材　料	最大乾燥密度・最適含水比 粒度 自然含水比 液性限界，塑性限界 透水係数 圧密係数	締固め試験 粒度試験 含水比試験 液性限界試験，塑性限界試験 透水試験 圧密試験
	施　工	施工含水比 締固め度 CBR値 たわみ量 支持力値	含水比試験 現場密度の測定 現場CBR試験 たわみ量測定 平板載荷試験
路　盤　工	材　料	粒度 含水比 塑性指数 最大乾燥密度・最適含水比 CBR値	ふるい分け試験 含水比試験 液性限界・塑性限界試験 締固め試験 CBR試験
	施　工	締固め度 支持力	現場密度の測定 平板載荷試験，CBR試験
アスファルト舗装工	材　料	針入度，伸度	針入度試験，伸度試験
	舗設現場	敷均し温度 安定度 厚さ 平坦性 配合割合 密度（締固め度）	温度測定 マーシャル安定度試験 コア採取による測定 平坦性試験 コア採取による配合割合試験 密度試験

5・4

品質管理

解答 (2)

重要問題93　コンクリートの受入れ検査

　コンクリート標準示方書に規定されているレディーミクストコンクリートの受入れ検査に関して，**適当なもの**はどれか。

(1)　スランプの許容誤差は，スランプ 5 cm 以上 8 cm 未満の場合±2.5 cm，スランプ 8 cm 以上18cm 以下の場合±5.0 cm とする。

(2)　塩化物イオン量の試験回数は，海砂を使用する場合は 2 回/日，その他の場合は 1 回/週とし，判定基準は塩化物イオン量0.80 kg/m³以下を原則とする。

(3)　コンクリートの単位水量の試験の回数は， 1 回/日又は20〜150 m³ごとに 1 回及び荷卸し時に品質の変化が認められた時に行う。

(4)　コンクリートの打込み時の温度の上限は，40 ℃以下を標準とする。

解答と解説　レディーミクストコンクリートの受入れ検査

(1)　スランプ 5 cm 以上 8 cm 未満の場合±1.5 cm，スランプ 8 cm 以上18cm 以下の場合±2.5cm である。

(2)　0.80 kg/m³→0.30 kg/m³を原則とする。

(4)　40℃→上限は35℃を標準とする。　　　　　　　　　　　　　**解答**　(3)

表 5・10　コンクリートの受入れ検査（抜粋）

項目	検査方法	時期・回数	判定基準
スランプ	JIS A 1101 の方法	荷卸し時 1 回/日又は構造物の重要度と工事の規模に応じて20〜150 m³毎に 1 回，及び荷卸し時に品質の変化が認められた時	許容誤差： スランプ 5 cm 以上，8 cm 未満 ：±1.5 cm スランプ 8 cm 以上，18 cm 以下 ：±2.5 cm
空気量	JIS A 1116 の方法 JIS A 1118 の方法 JIS A 1128 の方法		許容誤差：±1.5%
フレッシュコンクリートの単位水量	フレッシュコンクリートの単位水量試験から求める方法		許容範囲内にあること
温度	JIS A 1156 の方法		定められた条件に適合すること
塩化物イオン量	JIS A 1144 の方法又は信頼できる機関で評価を受けた試験方法	荷卸し時 海砂を使用する場合2回/日，その他の場合1回/週	原則として0.30 kg/m³以下
アルカリシリカ反応対策	配合計画書の確認	工事開始時及び材料・配分が変化したとき	対策がとられていること
圧縮強度 （材齢28日）	JIS A 1108の方法	荷卸し時 1 回/日，又は20〜150 m³毎に 1 回	設計基準強度を下回る確率が5%以下であること

> **関連問題**　コンクリート標準示方書に規定されているレディーミクスト
> コンクリートの受入れ検査項目に関して，**適当でないもの**はどれか。
>
> (1)　アルカリシリカ反応対策は，荷おろし時のレディーミクストコンク
> リートから試料を採取してアルカリシリカ反応性試験を行い，アルカリ
> 総量が 0.3 kg/m³以下でなければならない。
>
> (2)　スランプの試験の回数は，1 回/日又は 20〜150 m³ 毎に 1 回及び荷お
> ろし時に品質の変化が認められたときに行う。
>
> (3)　圧縮強度は，定められた材令の 1 回の強度試験結果が購入者の指定し
> た呼び強度の強度値の85％以上でなければならない。
>
> (4)　空気量は，普通コンクリートの場合，荷おろし地点では4.5％で許容
> 差は±1.5％である。

解説　レディーミクストコンクリートの受入れ検査項目

(1)　レディーミクストコンクリートの**受入れ検査**は，受入れ時に施工者の責任
において実施する。検査は，強度，スランプ又はスランプフロー，空気量及
び塩化物含有量について行う。**アルカリ骨材反応対策**は，配合計画書で確認
する。<u>現場では行わない</u>（P37）。

解答　(1)

> **関連問題**　レディーミクストコンクリートの受入れ検査に関して，**適当
> でないもの**はどれか。
>
> (1)　スランプ試験を行ったところ，12.0cm の指定に対して14.0cm で
> あったため合格と判定した。
>
> (2)　スランプ試験を行ったところ，最初の試験では許容される範囲に入っ
> ていなかったが，再度試料を採取してスランプ試験を行ったところ許容
> される範囲に入っていたので，合格と判定した。
>
> (3)　空気量試験を行ったところ，4.5％の指定に対して6.5％であったため
> 合格と判定した。
>
> (4)　塩化物含有量の検査を行ったところ，塩化物イオン（Cl⁻）量として
> 0.30kg/m³であったため合格と判定した。

解説　受入れ検査

(3)　空気量の許容誤差は，±1.5％である。4.5％の指定に対して，4.5±1.5＝
<u>3.0〜6.0％の範囲でないと不合格。</u>

解答　(3)

重要問題94 盛土・切土の品質

道路の路床盛土の品質管理に関して，**適当なもの**はどれか。

(1) 盛土施工中のたわみ量の確認は，一般に，路床仕上げ後，全幅及び全区間でプルーフローリングによって行う。

(2) 盛土施工中の乾燥密度の測定は，現場の土の比重試験によって行う。

(3) 盛土施工中の支持力値の測定は，ベーン試験によって行う。

(4) 盛土施工中の含水比の測定は，降雨後又は含水比の変化が認められた場合に，土の単位容積質量試験によって行う。

解答と解説 路床盛土の品質管理

(2) **乾燥密度**の測定は，砂置換法，エアーカッター法，RI（ラジオアイソトープ，γ線による土の水分・密度の測定）計器による方法がある。

(3) 盛土施工中の支持力値の測定は，平板載荷試験によって行う。

(4) 盛土施工中の含水比の測定は，土の含水比試験によって行う。

解答 (1)

関連問題 情報化施工における TS・GNSS を用いた盛土の締固め管理に関して， □ に当てはまる語句として，**適当なもの**はどれか。

・TS・GNSS を用いて締固め機械の走行記録をもとに，盛土の締固め管理をする方法は， (イ) の1つである。

・TS・GNSS を用いた盛土の締固め管理は，締固め機械の走行位置をリアルタイムに計測し， (ロ) を確認する。

・盛土の施工仕様（巻出し厚や (ロ) ）は，使用予定材料のうち (ハ) について，事前に試験施工で決定する。

・盛土の材料を締め固める際は，原則として盛土施工範囲の (ニ) について，モニタに表示される (ロ) 分布図が，規定回数だけ締め固めたことを示す色になることを確認する。

	(イ)	(ロ)	(ハ)	(ニ)
(1)	品質規定方式	締固め度	最も使用量が多い材料	全ブロック
(2)	工法規定方式	締固め回数	全ての種類毎の材料	全ブロック
(3)	工法規定方式	締固め度	最も使用量が多い材料	代表ブロック
(4)	品質規定方式	締固め回数	全ての種類毎の材料	代表ブロック

解説 盛土の締固め管理（情報化施工）　　**応用能力問題**

○　TS・GNSS を用いた盛土の締固め管理（**情報化施工**）は，事前の試験施
工において施工仕様（巻出し厚，締固め回数，締固め機械の種類など）を確
定し，実施工では施工仕様に基づき，巻出し厚の管理，締固め回数の面的管
理などを行う（(イ)**工法規定方式**）。

　　盛土施工の巻出し厚や(ロ)**締固め回数**は，(ハ)**全ての種類の材料ごと**に事前に
試験施工で決定し，盛土材料の締固めは，盛土施工範囲の(ニ)**全ブロック**にわ
たってパソコンのモニタで表示される(ロ)**締固め回数**分布図において，施工範
囲の管理ブロックの全てが，規定回数だけ締め固めたことを示す色になるま
で締め固める。

解答 (2)

関連問題　盛土の品質管理に関して，**適当なもの**はどれか。

(1)　高含水比の粘性土を締め固める場合には，締固め回数を増して密度の
　　増加を図る。

(2)　品質規定方式は，盛土の締固めにあたって，使用する締固め機械の機
　　種，締固め回数などを仕様書に規定する方式である。

(3)　盛土の品質は，締固め厚さ，土の含水比の2要素で決定される。

(4)　盛土の締固め度は密度管理が基本であり，空気間隙率，飽和度による
　　管理でも所要の強度が得られるよう，施工含水比の管理を行う。

解説 盛土の品質管理

(1)　高含水比の粘性土の締固めは，建設機械のこね返しによる軟弱化，強度低
　　下，圧縮性の増大を防がなければならない。締固め回数を増しても密度の増
　　加は図れない。

(2)　**品質規定方式**は，乾燥密度規定，空気間隙率又は飽和度規定，強度特性・
　　変形特性規定がある。設問は工法規定方式の内容である（P22）。

(3)　盛土の品質は，締固め機械，1層の締固め厚さ，締固め回数，土の含水比
　　の4要素で決まる。

(4)　**空気間隙率，飽和度**の管理は，締め固めた土が安定な状態である条件とし
　　て，空気間隙率又は飽和度が一定の範囲内にあるように規定する方式をい
　　う。盛土の締固め（P22参照）。

解答 (4)

5・4
品質管理

重要問題95 アスファルト混合物・鉄筋の品質

道路のアスファルト混合物の舗設時の温度管理に関して，**適当なもの**はどれか。

(1) 敷均し時の混合物の温度は，アスファルトの粘度にもよるが，一般に100℃を下回らないようにする。

(2) 初転圧は，ヘアクラックの生じない限りできるだけ高い温度で行い，転圧温度は一般に90〜100℃である。

(3) 二次転圧の終了温度は，一般に50〜60℃である。

(4) 転圧終了時の交通開放は，舗装面の温度がおおむね50℃以下となってから行う。

解答と解説　アスファルト混合物の温度管理

(1) 敷均し時の混合物の温度は，アスファルトの粘度にもよるが，一般に110℃を下回らないようにする（P84参照）。

(2) **初転圧**は，ヘアクラックの生じない限りできるだけ高い温度で行うが，一般に110〜140℃である。

(3) **二次転圧**の終了温度は，一般に70〜90℃である。

解答 (4)

関連問題　道路のアスファルト舗装の仕上げにおいて，「転圧作業中に起こる欠陥」と，その「原因」との組合せとして，**適当でないもの**はどれか。

　　[転圧作業中に起こる欠陥]　　　[原　因]

(1) 基層上における表層滑動…………ローラーの重量過大

(2) ローラーマークがつく　…………転圧不十分

(3) 細いクラックが多い　　…………転圧時の混合物温度の高過ぎ

(4) 大きい長いクラック　　…………転圧時の混合物温度の低過ぎ

解説　転圧作業中に起こる欠陥と原因

(4) 転圧時の混合物温度が高過ぎ又は低過ぎるとヘアクラックが生じやすいが，大きい長いクラックは，基層のコールドジョイントや切土盛土の接続部の施工不良などの下層が原因となって生じる。

解答 (4)

関連問題 コンクリート構造物の非破壊検査のうち，電磁誘導を利用する方法で得ることができる項目として，**適当なもの**はどれか。

(1)　コンクリート中の鋼材の腐食速度

(2)　コンクリートの圧縮強度，弾性係数などの品質

(3)　コンクリートのひび割れの分布状況

(4)　コンクリート中の鋼材の位置，径，かぶり

解説　コンクリートの非破壊検査

○　**非破壊検査**は，コンクリートを破壊せずに，きずの有無，その存在位置・大きさ・形状，分布状態を調べる検査。**電磁誘導法**は，電流の電気的変化を検出して磁界中の鉄筋を探査する。

(1)は電気化学的方法（自然電位法），(2)はリバウンドハンマ法，超音波，衝撃弾性波法，(3)は超音波法，衝撃弾性波法，X線法，(4)の項目は電磁誘導法（電磁波レーダ法，X線法）。なお，コンクリートの浮き，はく離・空隙の測定には打音法，電磁波レーダ法，衝撃弾性波法，赤外線法が用いられる。

解答 (4)

関連問題 鉄筋のガス圧接継手検査に関して，**適当でないもの**はどれか。

(1)　超音波探傷検査で不合格と判定された場合は，圧接部を切り取って再圧接するか，添筋で補強する。

(2)　圧接部のふくらみの直径や長さが規定値に満たない場合は，再加熱し，圧力を加えて所定のふくらみに修正し，外観検査を行う。

(3)　外観検査で圧接部に明らかな折曲がりが確認され不合格となった場合は，再加熱して修正し，外観検査を行う。

(4)　圧接部の検査は，抜取検査による外観検査と全数検査による超音波探傷検査によって実施する。

解説　鉄筋の手動ガス圧接継手の検査

(4)　**ガス圧接継手**は，ガスバーナによる加熱しながら圧力を加えて溶接する突合せ継手である。圧接部の検査は，外観検査，超音波探傷検査及び引張試験による検査とする。外観検査は全数検査を原則とする。超音波探傷検査及び引張試験による検査率（抜取検査）は，設計図書に規定された場合による。

解答 (4)

重要問題96 **ISO9000ファミリー規格**

ISO9001品質マネジメントシステムにおける組織が実施する一般要求事項に関して，**適当でないもの**はどれか。

(1) 品質マネジメントシステムに必要なプロセス及びそれらの組織への適用を明確にする。

(2) 品質マネジメントシステムに必要なプロセスの運用及び管理のいずれもが効果的であることを確実にするために必要な判断基準及び方法を明確にする。

(3) 品質マネジメントシステムに必要なプロセスについて，計画どおりの結果を得るため，継続的改善を達成するために必要な処置をとる。

(4) 要求事項に対する製品の適合性に影響を与えるプロセスをアウトソースした場合にプロセスに適用される管理の方式及び程度は，組織の品質マネジメントシステムから除外する。

解答と解説 **品質マネジメントシステムの要求事項**

○ **ISO9000ファミリー規格**（品質マネジメント）は，顧客ニーズに対応するため業務内容，組織体制，品質検査など，その企業のすべてのマネジメントについての構築を目標とした国際規格である。

(4) **ISO9001**は，ユーザーに信頼感を与え，顧客満足の向上を目指す体制を作るための指針を規格したものである。品質保証・品質管理等のプロセスを外部委託するアウトソース（あるプロセス及びその管理を外部委託）の場合においても，組織の品質マネジメントシステムから除外できない。

解答 (4)

関連問題 ISO9000ファミリーの品質マネジメントシステムにおける，トップマネジメントの役割に関して，**適当でないもの**はどれか。

(1) 組織のみの要求事項を満たし，品質目標を達成するために，適切なプロセスを実施することを確実にする。

(2) 認識や動機付け及び参画を高めるために，品質方針や品質目標を組織全体に周知徹底させる。

(3) 品質目標を達成するため，効果的で効率のよい品質マネジメントシステムが確立され実施され維持されることを確実にする。

(4) 品質マネジメントシステムの改善のための処置を決定する。

(解説) トップマネジメントの役割（品質方針，品質目標）

(1) 構築した品質マネジメントシステムを目的に向かって機能させるためには，経営者のリーダーシップ（**トップマネジメント**）が必要になる。

　トップマネジメントの役割は，組織が，<u>顧客要求事項，規制要求事項及び組織固有の要求事項を満たすため</u>，適切なプロセス（品質保証，品質管理）を実施することを確実にすることである。

(解答) (1)

(関連問題) ISO9000ファミリー（品質マネジメントシステム）を構築し，実施するプロセスアプローチのステップとして，**適当なもの**はどれか。

(イ) 各プロセスの有効性及び効率を測定する方法を設定する。
(ロ) 品質マネジメントシステムの継続的改善のためのプロセスを確立し，適用する。
(ハ) 組織の品質方針及び品質目標を設定する。
(ニ) 品質目標の達成に必要なプロセス及び責任を明確にする。

(1) (イ) → (ハ) → (ロ) → (ニ)　　(2) (ロ) → (イ) → (ニ) → (ハ)
(3) (ロ) → (ハ) → (イ) → (ニ)　　(4) (ハ) → (ニ) → (イ) → (ロ)

5・4

品質管理

(解説) プロセスアプローチ

(4) **ISO9000**ファミリーは，製品・サービスを確実に提供する仕組み，経営者の意向が組織に行き渡る仕組みを備えていること。**プロセスアプローチ**とは，経営者による品質方針の表明及び品質目標の設定等そのプロセス（計画，実施・運用，点検・是正，見直し）を明確にし，その相互作用を把握することによって全体を管理することである。プロセスアプローチは下図のデミングサイクルのとおり。

(解答) (4)

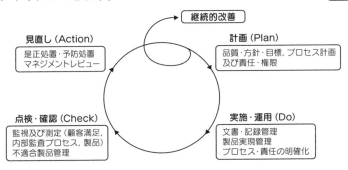

継続的改善

見直し (Action)
是正処置・予防処置
マネジメントレビュー

計画 (Plan)
品質・方針・目標，プロセス計画
及び責任・権限

点検・確認 (Check)
監視及び測定（顧客満足，
内部監査プロセス，製品）
不適合製品管理

実施・運用 (Do)
文書・記録管理
製品実現管理
プロセス・責任の明確化

図5・24　プロセスアプローチ（PDCAサイクル）

重要問題97 環境保全対策

建設工事に伴う騒音振動対策に関して，**適当でないもの**はどれか。

(1) 工事対象地域において地方公共団体の定める条例などにより，騒音規制法及び振動規制法に定めた特定建設作業以外の作業についても，規制，指導を行っていないか把握しなければならない。

(2) 騒音，振動の大きさを下げるほか，発生期間を短縮するなど全体的に影響の小さくなるように検討しなければならない。

(3) 騒音，振動の防止対策には，発生源での対策，伝搬経路の対策，受音点，受振点での対策があり，建設工事における騒音，振動対策は，一般に受音点，受振点での対策を行う。

(4) 走行を伴う機械の場合，走行路の不陸が振動の発生量を支配するので，現場内及び進入路などをこまめに整地する必要がある。

解答と解説 建設工事に伴う騒音振動対策

○ 建設工事の設計にあたっては，工事現場周辺の立地条件を調査し，全体的に騒音，振動を低減するように，次の事項について検討する（P136）。

① 低騒音・低振動の施工法の選択（発生源対策）。
② 低騒音型建設機械の選択（発生源対策）。
③ 作業時間帯，作業工程の設定（発生源対策）。
④ 騒音，振動源となる建設機械の配置（発生源対策）。
⑤ 遮音施設等の設置（伝搬経路の対策）。

(3) 発生源での対策が基本であり，最も有効である。

解答 (3)

関連問題 建設工事に伴って発生した汚濁水の改善，処理に関して，

☐ に当てはまる適切な語句として，**適当なもの**はどれか。

・濁水処理が必要となる排水には，泥水使用の地中連続壁工事等の排水，コンクリートダムの骨材製造プラントの ☐（イ）☐ ，トンネルの穿孔工事に伴う廃水などがある。

・濁度（SS）や ☐（ロ）☐ を改善し，処理する方法として，浮遊物質の自重による自然沈殿法や ☐（ハ）☐ を用いて浮遊物質を沈殿させ，炭酸ガスや希硫酸などを用いて排水を ☐（ニ）☐ する方法等がある。

	(イ)	(ロ)	(ハ)	(ニ)
(1)	洗浄水	アルカリ度（pH）	凝集剤	中和
(2)	濁水	アルカリ度（pH）	添加剤	浄化
(3)	洗浄水	溶存酸素（DO）	凝集剤	中和
(4)	濁水	溶存酸素（DO）	添加剤	浄化

解説　汚濁水の処理

○　水質の汚濁防止については，**水質汚濁防止法**により排出水の規制があり，さらに都道府県によっては条例により上乗せ規制があるので注意を要する。建設工事関係で，排出物質として浮遊物質（SS）とpHの濃度が問題となる場合には，水処理装置や沈殿池を設置し，**濁水処理**を行う。

解答　(1)

関連問題　汚染土壌の運搬に関して，**誤っているもの**はどれか。

(1)　運搬に伴う悪臭，騒音又は振動によって生活環境の保全上支障が生じないように必要な措置を講ずる。

(2)　汚染土壌の保管は，汚染土壌の積替えを行う場合を除き，行ってはならない。

(3)　積替えは，周囲に囲いが設けられ，かつ，汚染土壌の積替えの場所であることの表示がなされている場所で行う。

(4)　運搬の過程において，汚染土壌とその他無害な廃棄物と混合して運搬することができる。

解説　汚染土壌の運搬

○　**土壌汚染対策法**は，土壌汚染の状態の把握，土壌汚染による人の健康被害の防止に関する措置等の実施を図ることにより国民の健康保護を目的とする。

(1)　運搬に伴う悪臭，騒音又は振動によって生活環境の保全上支障が生じないように必要な措置を講ずる。

(2)　汚染土壌の保管は，汚染土壌の積替えを行う場合を除き行ってはならない。

(3)　積替えは，周囲に囲いが設けられ，かつ，汚染土壌の積替えの場所であることの表示がなされている場所で行う。

(4)　運搬の過程において，汚染土壌とその他の物を混合してはならない。

解答　(4)

重要問題98 資源の有効利用

建設工事に伴う再生資源の利用を促進するための，再生資源利用計画及び再生資源利用促進計画に関して，**誤っているもの**はどれか。

(1) 再生資源利用促進計画の作成は，建設発生土，コンクリート塊，アスファルト・コンクリート塊，建設発生木材のいずれかの指定副産物を一定量以上搬出する建設工事を施工する場合において行う。

(2) 再生資源利用計画の作成は，レディーミクストコンクリートを一定量以上搬入する建設工事を施工する場合において行う。

(3) 再生資源利用計画，再生資源利用促進計画の作成は，発注者から直接建設工事を請け負った建設工事事業者が行う。

(4) 再生資源利用計画及びその実施状況の記録，再生資源利用促進計画及びその実施状況の記録は，当該工事完成後1年間保存する。

解答と解説 再生資源利用計画及び再生資源利用促進計画

(2) **資源の有効な利用の促進に関する法律**（リサイクル法）では，建設副産物のうち，土砂（建設発生土），コンクリート塊，アスファルト・コンクリート塊及び木材の**指定副産物**を建設資材として利用することを義務づけている。

元請業者は，一定量以上の指定副産物を搬入又は搬出する建設工事を施工する場合には，**再生資源利用計画**又は**再生資源利用促進計画**を作成しなければならない。レディーミクストコンクリートは，これに含まれない。

表5・11　再生資源利用計画（搬入）の該当工事等

計画を作成する工事	定　め　る　内　容
建設資材を搬入する建設工事 1．土　砂 ……………………1,000 m³以上 2．砕　石 ………………………500 t以上 3．加熱アスファルト混合物 ……200 t以上	1．建設資材ごとの利用量 2．利用量のうち再生資源ごとの利用量 3．その他再生資源の利用に関する事項

表5・12　再生資源利用促進計画（搬出）の該当工事等

計画を作成する工事	定　め　る　内　容
指定副産物を搬出する建設工事 1．建設発生土 ……………1,000 m³以上 2．コンクリート塊 　　アスファルト・ 　　コンクリート塊　……合計 200 t以上 　　建設発生木材	1．指定副産物の種類ごとの搬出量 2．指定副産物の種類ごとの再資源化施設又は他の建設工事現場などへの搬出量 3．その他指定副産物に係る再生資源の利用の促進に関する事項

解答 (2)

関連問題 資源の有効な利用の促進に関する法律（リサイクル法）の定めとして，**誤っているもの**はどれか。

(1) 元請業者は，再生資源利用計画，再生資源利用促進計画を作成し工事完了後は，実施状況を取りまとめ，当該建設工事完了後1年間保管しておく。

(2) 土砂，コンクリート塊，アスファルト・コンクリート塊，金属くず，及び木材は，再利用を促進するための指定副産物に指定されている。

(3) 建設発生土は，土質区分や性質によって，第1種，第2種，第3種，第4種に区分され，それぞれについて利用用途が定められている。

(4) 指定副産物以外の建設副産物でも現場内での再利用及び脱水等の減量化を図り，工事現場からの建設廃棄物の排出量の抑制に努める。

解説 **資源の有効な利用の促進に関する法律**

(2) **指定副産物**は，建設発生土，コンクリート塊，アスファルト・コンクリート塊及び木材の4種類である。なお，現場に受け入れるものとして，土砂，コンクリート塊，アスファルト・コンクリート塊を**再生資源**としている。

　　なお，**建設発生土**（コーン指数200kN/m²以上）は，その性質により第1種～第4種に区分され，主な利用用途が定められている（P28）。

解答 (2)

表5・13　建設発生土の主な利用用途

区　　　分		主な利用用途
第1種建設発生土	砂，レキ及びこれらに準ずるものをいう。	工作物の埋戻し材料 土木構造物の裏込材 道路盛土材料 宅地造成用材料
第2種建設発生土	砂質土，レキ質土及びこれらに準ずるものをいう。	土木構造物の裏込材 道路盛土材料 河川築堤材料 宅地造成用材料
第3種建設発生土	通常の施工性が確保される粘性土及びこれに準ずるものをいう。	土木構造物の裏込材 道路路体用盛土材料 河川築堤材料 宅地造成用材料 水面埋立て用材料
第4種建設発生土	粘性土及びこれに準ずるもの〔第3種建設発生土を除く〕	水面埋立て用材料

重要問題99 建設工事に係る資材の再資源化

建設工事に係る資材の再資源化等に関する法律（建設リサイクル法）に関して，**誤っているもの**はどれか。

(1) 分別解体等に伴い廃棄物となった場合，再資源化等をしなければならない特定建設資材として定められている建設資材は，コンクリート，コンクリート及び鉄から成る建設資材，木材，アスファルト・コンクリートである。

(2) 特定建設資材廃棄物の再資源化等が完了したとき，元請負業者は，その旨を都道府県知事に書面で報告するとともに，再資源化等の実施状況に関する記録を作成し保存しなければならない。

(3) 特定建設資材を用いた一定規模以上の建築物等に係る解体工事の受注者は，正当な理由がある場合を除き，定められた基準に従い分別解体等をしなければならない。

(4) 建設業を営む者は，建設資材廃棄物の再資源化により得られた建設資材を使用するように努めなければならない。

解答と解説　特定建設資材の再資源化

○ **建設工事に係る資材の再資源化等に関する法律**（建設リサイクル法）は，特定建設資材について，その分別解体等及び再資源化等を促進するための措置を講ずるとともに，解体工事業者について登録制度を実施する等により，再生資源の十分な利用及び廃棄物の減量等を通じて，資源の有効な利用の確保及び廃棄物の適正な処理を図ることを目的とする。

　なお，**特定建設資材**とは，①コンクリート，②コンクリート及び鉄から成る建設資材，③木材，④アスファルト・コンクリートをいい，その再資源化が資源の有効な利用及び廃棄物の減量を図る上で特に必要なものである。なお，**特定建設資材廃棄物**とは，特定建設資材が廃棄物となったものをいう。

(2) **発注者への報告**（第18条）：対象建設工事の元請負業者は，当該工事に係る特定建設資材の再資源化等が完了したときは，発注者に書面で報告するとともに，当該再資源化等の実施状況に関する記録を作成し，これを保存しなければならない。**対象建設工事**（分別解体，再資源化が義務付けられている工事）とは，一定規模以上の特定建設資材を用いた建築物等の解体工事，特定建設資材を使用する新築工事等をいう。　　　**解答**　(2)

関連問題 建設工事に係る資材の再資源化等に関する法律（建設リサイクル法）に関して，**正しいもの**はどれか。

(1) 「再資源化」とは，分別解体等に伴って生じる建設資材廃棄物について，資材又は原材料として再利用できるようにする行為，又は熱を得ることに利用できるようにする行為をいう。

(2) 特定建設資材を用いた建築物の解体工事において，分別解体をしなければならないとされている規模は，床面積 100 m²以上となっている。

(3) 分別解体を行うこととなっている工事については，工事に着手する日の 7 日前までに，工事着手の時期及び工程の概要，分別解体の計画などの事項について，受注者が都道府県知事に届け出なければならない。

(4) 「特定建設資材」とは，再資源化が特に必要なコンクリート，コンクリート及び鉄から成る建設資材，木材及び建設発生土の 4 品目である。

解説 建設リサイクル法

○ **建設リサイクル法**は，特定の資材について分別解体及び再資源化等の促進を目的とする（第 1 条，**目的**）。

(1) **再資源化**とは，建設資材廃棄物について，資材又は原材料として利用すること，燃焼の用として供すること（第 2 条，**定義**）。

(2) 分別解体，再資源化が義務付けられる**対象建設工事**の規模に関する基準は，床面積 80 m²以上の建築物の解体工事，床面積 500 m²以上の建築物の新築工事又は増築工事，その他工作物（土木工事等）請負代金 500 万円以上の解体工事である。

(3) 分別解体を行う発注者又は自主施工者は，工事に着手する日の 7 日前までに，都道府県知事に**分別解体計画**を届け出なければならない。工事を請け負った元請業者は，工事計画を発注者に説明し，工事完了後発注者に報告する（第 9 条，**分別解体等実施義務**）。

建設工事の規模に関する基準は，次のとおり。

① 建築物の解体：床面積の合計が80m²。

② 建築物の新築又は増築：床面積の合計が500m²。

(4) 対象工事となる**特定建設資材**とは，①コンクリート，②コンクリート及び鉄から成る建設資材，③木材，④アスファルト・コンクリートの 4 種類の建設資材である。なお，建設発生土（指定副産物である）は該当しない。

解答 (1)

5・5

環境保全・建設副産物

重要問題100 産業廃棄物の処理

産業廃棄物処理におけるマニフェスト制度に関して，**誤っているもの**はどれか。

(1) 排出事業者は，産業廃棄物の処理を委託する際に，収集運搬業者（処分のみを委託する場合は処分業者）に対してマニフェストを交付し，処理終了後処理業者からその旨必要な事項を記載した写しを受け取ることにより，適正に処理されたか確認しなければならない。

(2) 排出事業者が古紙や鉄くずなど専ら再生利用の目的となる産業廃棄物の処理を行う業者に当該産業廃棄物のその処理を委託する場合は，マニフェストの交付を要しない。

(3) マニフェストの交付は，排出事業者となる元請負業者が下請負業者に解体工事などの一部の工事を請け負わせて施工する場合には，その下請負業者が行うものとする。

(4) 排出事業者は，所定の期間内に最終処分業者から最終処分終了の報告がない場合には，処理状況を把握し適切な処置を講ずるとともに，その旨を関係都道府県知事に報告しなければならない。

解答と解説 産業廃棄物のマニフェスト制度

○ **産業廃棄物管理票（マニフェスト）** は，産業廃棄物の不法投棄等の不適正処理により生活環境に影響を与えないよう，その移動を正確に把握し，適正な処理を確保するため導入された積荷目録制度である（廃棄物処理法）。

○ 発注者から請け負った排出事業者は，産業廃棄物を収集運搬業者と処分業者（中間，最終処分）に個別に委託する。処理の流れは，発生→保管→収集運搬→中間処理→最終処分（埋立）となる。

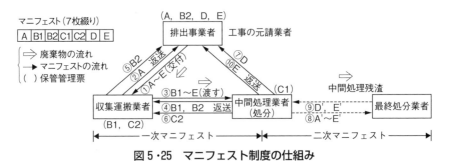

図5·25 マニフェスト制度の仕組み

○　発注者は，産業廃棄物の分別解体計画を作成し，都道府県知事に届出た上で，排出事業者と契約する。元請である排出事業者が下請させる場合は，知事への届出事項を告知する。元請業者は再資源化が完了したときは，発注者に報告する（図5・25）。

(3)　産業廃棄物の排出事業者である元請事業者は，廃棄物の処分を下請に委託する場合には，収集運搬業者に運搬を，処分業者に最終処分を委託する。

　　元請事業者は，種類・運搬先ごとにマニフェスト票を発行し，廃棄物の流れに従って運搬業者，処分業者が確認署名を行い，適正処分を担保する。

解答　(3)

関連問題　産業廃棄物の運搬や処分を他人に委託する場合，必要となるマニフェストに関して，**誤っているもの**はどれか。

(1)　マニフェストの交付者は，運搬又は処分が終了したことを当該マニフェストの写しにより確認し，かつ，それを定められた期間保存するとともに，マニフェストに関する報告書を都道府県知事に提出する。

(2)　マニフェストの交付は，産業廃棄物の運搬先が2以上ある場合にあっては，運搬先ごとに行う。

(3)　産業廃棄物の運搬又は処分を受託した者は，運搬又は処分を終了したときにはマニフェストに必要な事項を記載し，定められた期間内にマニフェストを交付した者に当該マニフェストの写しを送付する。

(4)　産業廃棄物を生ずる事業者は，その産業廃棄物の運搬又は処分を他人に委託する場合，産業廃棄物の引渡し後1週間以内に当該産業廃棄物の運搬を受託した者にマニフェストを交付する。

解説　**マニフェスト（産業廃棄物管理票）**

○　事業活動に伴って生じる廃棄物を**産業廃棄物**という。事業者は，その事業活動に伴って生じた廃棄物を自らの責任において処理しなければならない。

　　産業廃棄物の排出事業者（元請業者）は，**産業廃棄物管理票（マニフェスト）**を廃棄物の種類ごと，運搬先ごとに交付し，運搬，処分受託者から業務終了後に送付された管理票の写しを5年間保存しなければならない。同じく，それぞれの受託者も管理票を5年間保存しなければならない。

(4)　産業廃棄物を生ずる工事の元請業者は，その産業廃棄物の運搬又は処分を他人に受託する場合には，産業廃棄物の引渡しと同時にマニフェストを交付しなければならない（図5・25）。

解答　(4)

|補足| 応用能力問題　集中演習！

　　　1級土木（第1次検定）の合格基準は，「全体の得点が60％以上」かつ，「施工管理法（応用能力問題）の得点が60％以上」です。この新制度で出題される**応用能力問題**は，穴あき問題で**合計15問必須**です。各・文章に当てはまる語句の(イ)，(ロ)…それぞれは2語句で構成されていて，その中から選べばよいので**実質2択問題**といえます。また，各・文章の語句をすべて正確に選べなくても，**確定的な正答を2個ほど見つけられれば，その確定した正答に導かれてあとは芋づる式に4肢の中から解答を導き出すことができます**。よって他の4肢択一問題よりも，解答の導き出し方としてはみやすく，むしろその判断能力が問われている問題ともいえます。

　　ここで60％以上正解しておかなければ，たとえ全体で60％以上得点していても合格にはなりません。落とせない大事な15問題です。

　　演習を兼ねて出題例を掲載していますので，解き方に慣れてください。**解答はP232にあります。解説はそれぞれ指定の参照ページで確認してください。**

START!

問題1　仮設工事計画

仮設工事計画立案の留意事項に関する下記の文章中の　　　　　の(イ)～(ニ)に当てはまる語句の組合せとして，**適当なもの**は次のうちどれか。

・仮設工事の材料は，一般の市販品を使用して可能な限り規格を統一し，その主要な部材については他工事　(イ)　計画にする。
・仮設構造物設計における安全率は，本体構造物よりも割引いた値を　(ロ)　。
・仮設工事計画では，取扱いが容易でできるだけユニット化を心がけるとともに，　(ハ)　を考慮し，省力化が図れるものとする。
・仮設構造物設計における荷重は短期荷重で算定する場合が多く，また，転用材を使用するときには，一時的な短期荷重扱い　(ニ)　。

	(イ)	(ロ)	(ハ)	(ニ)
(1)	からの転用はさける	採用してはならない	資機材不足	が妥当である
(2)	にも転用できる	採用することが多い	作業員不足	は妥当ではない
(3)	からの転用はさける	採用してはならない	資機材不足	は妥当ではない
(4)	にも転用できる	採用することが多い	作業員不足	が妥当である

問題2　施工体制台帳

公共工事における施工体制台帳に関する下記の文章中の ［　　　］ の(イ)～(ニ)に当てはまる語句の組合せとして，**適当なもの**は次のうちどれか。

・下請業者は，請負った工事をさらに他の建設業を営む者に請け負わせたときは，施工体制台帳を修正するため再下請通知書を ［　(イ)　］ に提出しなければならない。

・施工体制台帳には，建設工事の名称，内容及び工期，許可を受けて営む建設業の種類， ［　(ロ)　］ 等を記載しなければならない。

・発注者から直接工事を請負った建設業者は，当該工事を施工するため ［　(ハ)　］，施工体制台帳を作成しなければならない。

・元請業者は，施工体制台帳と合わせて施工の分担関係を表示した ［　(ニ)　］ を作成し，工事関係者や公衆が見やすい場所に掲げなければならない。

	(イ)	(ロ)	(ハ)	(ニ)
(1)	発注者……	健康保険の加入状況…	一定額以上の下請金額の場合は…	施工体系図
(2)	元請業者…	建設工事の作業手順…	一定額以上の下請金額の場合は…	緊急連絡網
(3)	元請業者…	健康保険の加入状況…	下請金額にかかわらず……………	施工体系図
(4)	発注者……	建設工事の作業手順…	下請金額にかかわらず……………	緊急連絡網

問題3　掘削底面の破壊現象

土留め壁を構築する場合における掘削底面の破壊現象に関する下記の文章中の ［　　　］ の(イ)～(ニ)に当てはまる語句の組合せとして，**適当なもの**は次のうちどれか。

・ボイリングとは，遮水性の土留め壁を用いた場合に水位差により上向きの浸透流が生じ，この浸透圧が土の有効重量を超えると，沸騰したように沸き上がり掘削底面の土が ［　(イ)　］ を失い，急激に土留めの安定性が損なわれる現象である。

・パイピングとは，地盤の弱い箇所の ［　(ロ)　］ が浸透流により洗い流され地中に水みちが拡大し，最終的にはボイリング状の破壊に至る現象である。

・ヒービングとは，土留め背面の土の重量や土留めに接近した地表面での上載荷重等により，掘削底面 ［　(ハ)　］ が生じ最終的には土留め崩壊に至る現象である。

・盤ぶくれとは，地盤が ［　(ニ)　］ のとき上向きの浸透流は生じないが ［　(ニ)　］ 下面に上向きの水圧が作用し，これが上方の土の重さ以上となる場合は，掘削底面が浮き上がり，最終的にはボイリング状の破壊に至る現象である。

	(イ)	(ロ)	(ハ)	(ニ)
(1)	透水性	粘性土	の隆起	透水層
(2)	せん断抵抗	土粒子	の隆起	難透水層
(3)	透水性	土粒子	に陥没	難透水層
(4)	せん断抵抗	粘性土	に陥没	透水層

問題4　建設機械の選定

施工計画における建設機械の選定に関する下記の文章中の _____ の(イ)～(ニ)に当てはまる語句の組合せとして，**適当なもの**は次のうちどれか。

・建設機械の組合せ選定は，従作業の施工能力を主作業の施工能力と同等，あるいは幾分 __(イ)__ にする。

・建設機械の選定は，工事施工上の制約条件より最も適した建設機械を選定し，その機械が __(ロ)__ 能力を発揮できる施工法を選定することが合理的かつ経済的である。

・建設機械の使用計画を立てる場合には，作業量をできるだけ __(ハ)__ し，施工期間中の使用機械の必要量が大きく変動しないように計画するのが原則である。

・機械施工における __(ニ)__ の指標として施工単価の概念を導入して，施工単価を安くする工夫が要求される。

	(イ)	(ロ)	(ハ)	(ニ)
(1)	高め	最大の	集中化	経済性
(2)	低め	平均的な	集中化	安全性
(3)	低め	平均的な	平滑化	安全性
(4)	高め	最大の	平滑化	経済性

問題5　工程管理

工程管理に関する下記の文章中の _____ の(イ)～(ニ)に当てはまる語句の組合せとして，**適当なもの**は次のうちどれか。

・施工計画では，施工順序，施工法等の施工の基本方針を決定し，__(イ)__ では，手順と日程の計画，工程表の作成を行う。

・施工計画で決定した施工順序，施工法等に基づき，__(ロ)__ では，工事の指示，施工監督を行う。

・工程管理の統制機能における __(ハ)__ では，工程進捗の計画と実施との比較

をし，進捗報告を行う。

・工程管理の改善機能は，施工の途中で基本計画を再評価し，改善の余地があれば計画立案段階にフィードバックし，　(ニ)　では，作業の改善，工程の促進，再計画を行う。

	(イ)	(ロ)	(ハ)	(ニ)
(1)	工程計画	工事実施	進度管理	立会検査
(2)	段階計画	工事監視	安全管理	是正措置
(3)	工程計画	工事実施	進度管理	是正措置
(4)	段階計画	工事監視	安全管理	立会検査

問題6　工程管理に用いられる工程表

工程管理に使われる各工程表の特徴に関する下記の文章中の　　　　の(イ)〜(ニ)に当てはまる語句の組合せとして，**適当なもの**は次のうちどれか。

・トンネル工事のように工事区間が線上に長く，工事の進行方向が一定方向に進捗していく工事には　(イ)　が用いられることが多い。

・1つの作業の遅れや変化が工事全体の工程にどのように影響してくるかを早く，正確に把握できるのが　(ロ)　である。

・各作業の予定と実績との差を直視的に比較するのに便利であり，施工中の作業の進捗状況もよくわかるのが　(ハ)　である。

・各作業の開始日から終了日までの所要日数がわかり，各作業間の関連も把握することができるのが　(ニ)　である。

	(イ)	(ロ)	(ハ)	(ニ)
(1)	バーチャート	グラフ式工程表	ネットワーク式工程表	ガントチャート
(2)	バーチャート	ネットワーク式工程表	グラフ式工程表	ガントチャート
(3)	斜線式工程表	グラフ式工程表	ネットワーク式工程表	バーチャート
(4)	斜線式工程表	ネットワーク式工程表	グラフ式工程表	バーチャート

問題7　工程管理　品質・工程・原価の関係

工程管理を行う上で，品質・工程・原価に関する下記の文章中の　　　　の(イ)〜(ニ)に当てはまる語句の組合せとして，**適当なもの**は次のうちどれか。

・一般的に工程と原価の関係は，施工を速めると原価は段々安くなっていき，さらに施工速度を速めて突貫作業を行うと，原価は　(イ)　なる。

・原価と品質の関係は，悪い品質のものは安くできるが，良いものは原価が
 ロ なる。

・一般的に品質と工程の関係は，品質の良いものは時間がかかり，施工を速め
 て突貫作業をすると，品質は ハ 。

・工程，原価，品質との間には相反する性質があり， ニ 計画し，工期を
 守り，品質を保つように管理することが大切である。

	(イ)	(ロ)	(ハ)	(ニ)
(1)	ますます安く	さらに安く	かわらない	それぞれ単独に
(2)	逆に高く	高く	悪くなる	これらの調整を図りながら
(3)	ますます安く	さらに安く	かわらない	これらの調整を図りながら
(4)	逆に高く	高く	悪くなる	それぞれ単独に

問題8　建設機械の安全確保

車両系建設機械を用いる作業の安全確保のために事業者が講じるべき措置に関
する下記の文章中の □□□ の(イ)～(ニ)に当てはまる語句の組合せとして，労働
安全衛生規則上，**正しいもの**は次のうちどれか。

・事業者は，車両系建設機械を用いて作業を行うときは， イ にブレーキ
 やクラッチの機能について点検を行わなければならない。

・事業者は，車両系建設機械の運転について誘導者を置くときは， ロ 合
 図を定め，誘導者に当該合図を行わせなければならない。

・事業者は，車両系建設機械の修理又はアタッチメントの装着若しくは取り外
 しの作業を行うときは， ハ を定め，作業手順の決定等の措置を講じさ
 せなければならない。

・事業者は，車両系建設機械を用いて作業を行うときは， ニ 以外の箇所
 に労働者を乗せてはならない。

	(イ)	(ロ)	(ハ)	(ニ)
(1)	作業の前日	一定の	作業指揮者	乗車席
(2)	作業の前日	状況に応じた	作業主任者	助手席
(3)	その日の作業を開始する前	状況に応じた	作業主任者	助手席
(4)	その日の作業を開始する前	一定の	作業指揮者	乗車席

問題9　移動式クレーンの安全確保

移動式クレーンの安全確保に関する措置のうち，下記の文章中の □□□ の(イ)

〜㈡に当てはまる語句の組合せとして，クレーン等安全規則上，**正しいもの**は次のうちどれか。

・移動式クレーンの運転者は，荷をつったままで運転位置を　(イ)　。
・移動式クレーンの定格荷重とは，フックやグラブバケット等のつり具の重量を　(ロ)　荷重をいい，ブームの傾斜角や長さにより変化する。
・事業者は，アウトリガーを有する移動式クレーンを用いて作業を行うときは，原則としてアウトリガーを　(ハ)　に張り出さなければならない。
・事業者は，移動式クレーンを用いる作業においては，移動式クレーンの運転者が単独で作業する場合を除き，　(二)　を行う者を指名しなければならない。

```
            (イ)              (ロ)        (ハ)         (二)
(1)  離れてはならない…………含む…………最大限…………合図
(2)  離れてはならない…………含まない……最大限…………合図
(3)  離れて荷姿を確認する……含む…………必要最小限……監視
(4)  離れて荷姿を確認する……含まない……必要最小限……監視
```

問題10　埋設物の損傷防止

工事中の埋設物の損傷等の防止のために行うべき措置に関する下記の文章中の　　　　の(イ)〜(二)に当てはまる語句の組合せとして，建設工事公衆災害防止対策要綱上，**正しいもの**は次のうちどれか。

・発注者又は施工者は，施工に先立ち，埋設物の管理者等が保管する台帳と設計図面を照らし合わせ，細心の注意のもとで試掘等を行い，原則として　(イ)　をしなければならない。
・施工者は，管理者の不明な埋設物を発見した場合，必要に応じて　(ロ)　の立会いを求め，埋設物に関する調査を再度行い，安全を確認した後に措置しなければならない。
・施工者は，埋設物の位置が掘削床付け面より　(ハ)　等，通常の作業位置からの点検等が困難な場合には，原則として，あらかじめ点検等のための通路を設置しなければならない。
・発注者又は施工者は，埋設物の位置，名称，管理者の連絡先等を記載した標示板の取付け等を工夫するとともに，　(二)　等に確実に伝達しなければならない。

	(イ)	(ロ)	(ハ)	(ニ)
(1)	写真記録	労働基準監督署	低い	工事関係者
(2)	目視確認	労働基準監督署	高い	近隣住民
(3)	写真記録	専門家	低い	近隣住民
(4)	目視確認	専門家	高い	工事関係者

問題11　酸素欠乏防止措置

酸素欠乏のおそれのある工事を行う際，事業者が行うべき措置に関する下記の文章中の の(イ)～(ニ)に当てはまる語句の組合せとして，酸素欠乏症等防止規則上，**正しいもの**は次のうちどれか。

・事業者は，作業の性質上換気することが著しく困難な場合，同時に就業する労働者の (イ) の空気呼吸器等を備え，労働者にこれを使用させなければならない。

・事業者は，第一種酸素欠乏危険作業に係る業務に労働者を就かせるときは， (ロ) に対し，酸素欠乏症の防止等に関する特別教育を行わなければならない。

・事業者は，酸素欠乏危険作業に労働者を従事させるときは，入場及び退場の際， (ハ) を点検しなければならない。

・事業者は，第二種酸素欠乏危険作業に労働者を従事させるときは， (ニ) に，空気中の酸素及び硫化水素の濃度を測定しなければならない。

	(イ)	(ロ)	(ハ)	(ニ)
(1)	人数と同数以上	当該労働者	人員	その日の作業を開始する前
(2)	人数分	当該労働者	保護具	その作業の前日
(3)	人数分	作業指揮者	保護具	その日の作業を開始する前
(4)	人数と同数以上	作業指揮者	人員	その作業の前日

問題12　品質管理

土木工事の品質管理に関する下記の文章中の の(イ)～(ニ)に当てはまる語句の組合せとして，**適当なもの**は次のうちどれか。

・品質管理の目的は，契約約款，設計図書等に示された規格を十分満足するような構造物等を最も (イ) 施工することである。

・品質 (ロ) は，構造物の品質に重要な影響を及ぼすもの，工程に対して処置をとりやすいようにすぐに結果がわかるもの等に留意して決定する。

・品質 ⎣ (ハ) ⎦ では，設計値を十分満たすような品質を実現するため，品質のばらつきの度合いを考慮して，余裕を持った品質を目標にしなければならない。

・作業標準は，品質 ⎣ (ハ) ⎦ を実現するための ⎣ (ニ) ⎦ での試験方法等に関する基準を決めるものである。

	(イ)	(ロ)	(ハ)	(ニ)
(1)	早く	標準	特性	完了後の検査
(2)	早く	特性	標準	完了後の検査
(3)	経済的に	特性	標準	各段階の作業
(4)	経済的に	標準	特性	各段階の作業

問題13　TS・GNSS による締固め管理

情報化施工における TS（トータルステーション）・GNSS（全球測位衛星システム）を用いた盛土の締固め管理に関する下記の文章中の ⎣　　　⎦ の(イ)～(ニ)に当てはまる語句の組合せのうち，**適当なもの**は次のうちどれか。

・盛土材料をまき出す際は，盛土施工範囲の全面にわたって，試験施工で決定したまき出し厚 ⎣ (イ) ⎦ のまき出し厚となるように管理する。

・盛土材料を締め固める際は，盛土施工範囲の全面にわたって， ⎣ (ロ) ⎦ だけ締め固めたことを示す色がモニタに表示されるまで締め固める。

・TS・GNSS を用いた盛土の締固め管理システムの適用にあたっては，地形条件や電波障害の有無等を ⎣ (ハ) ⎦ 調査し，システムの適用可否を確認する。

・TS・GNSS を用いて締固め機械の走行記録をもとに，盛土の締固め管理をする方法は， ⎣ (ニ) ⎦ の一つである。

	(イ)	(ロ)	(ハ)	(ニ)
(1)	以下	規定回数	事前に	品質規定
(2)	以上	規定時間	施工開始後に	品質規定
(3)	以上	規定時間	施工開始後に	工法規定
(4)	以下	規定回数	事前に	工法規定

問題14　コンクリートの非破壊試験

鉄筋コンクリート構造物の品質管理におけるコンクリート中の鉄筋位置を推定する非破壊試験に関する下記の文章中の ⎣　　　⎦ の(イ)～(ニ)に当てはまる語句の組合せとして，**適当なもの**は次のうちどれか。

・かぶりの大きい橋梁下部構造の鉄筋位置を推定する場合， ⎣ (イ) ⎦ が， ⎣ (ロ) ⎦

より適する。

・ (イ) は，コンクリートが (ハ) ，測定が困難になる可能性がある。

・ (ロ) において，かぶりの大きさを測定する場合，鉄筋間隔が設計かぶり
の (ニ) の場合は補正が必要になる。

	(イ)	(ロ)	(ハ)	(ニ)
(1)	電磁波レーダ法…	電磁誘導法………	乾燥しすぎていると……	1.5倍以上
(2)	電磁誘導法………	電磁波レーダ法…	水を多く含んでいると…	1.5倍以上
(3)	電磁波レーダ法…	電磁誘導法………	水を多く含んでいると…	1.5倍以下
(4)	電磁誘導法………	電磁波レーダ法…	乾燥しすぎていると……	1.5倍以下

問題15　コンクリート施工の品質管理

コンクリートの施工の品質管理に関する下記の文章中の □ の(イ)～(ニ)に当
てはまる語句の組合せとして，**適当なもの**は次のうちどれか。

・打込み時の材料分離を防ぐためには， (イ) シュートの使用を標準とする。

・棒状バイブレータにより締固めを行う際，スランプ12cm のコンクリートで
は，一箇所あたりの締固め時間は， (ロ) 程度とすることを標準とする。

・コンクリートを打ち重ねる場合，上層のコンクリートの締固めでは，棒状バ
イブレータが下層のコンクリートに (ハ) ようにして締め固める。

・コンクリートの仕上げは，締固めが終わり，上面にしみ出た水が (ニ) 状
態で行う。

	(イ)	(ロ)	(ハ)	(ニ)
(1)	縦…………	5～15秒…………	10cm 程度入る………	なくなった
(2)	縦………	50～70秒…………	10cm 程度入る………	なくなった
(3)	斜め………	5～15秒…………	入らない…………	残った
(4)	斜め………	50～70秒…………	入らない…………	残った

解答

問題	解答	参照頁	問題	解答	参照頁	問題	解答	参照頁
1	(2)	P166, 167	6	(4)	P180, 181	11	(1)	P203
2	(3)	P170, 171	7	(2)	P178, 179	12	(3)	P204, 205
3	(2)	P62, 63	8	(4)	P196, 197	13	(4)	P211
4	(4)	P172, 173	9	(2)	P194, 195	14	(3)	P213
5	(3)	P176, 177	10	(4)	P188, 189	15	(1)	P40, 41

索　引

〈著者略歴〉

國　澤　正　和（くにざわ　まさかず）
　　立命館大学理工学部土木工学科卒業
　　大阪市立都島工業高等学校（都市工学科）教諭を経て，
　　大阪市立泉尾工業高等学校長，大阪産業大学講師歴任
　主な著書
　　これだけはマスター　1級土木施工管理　学科（弘文社）
　　これだけはマスター　1級土木施工管理　実地（弘文社）
　　これだけはマスター　2級土木施工管理　学科・実地（弘文社）
　　4週間でマスター　1級土木施工管理技士補・第1次検定（弘文社）
　　4週間でマスター　1級土木施工管理・第2次検定（弘文社）
　　4週間でマスター　2級土木施工管理　第1次・第2次検定（弘文社）
　　4週間でマスター　2級土木施工管理・実地試験（弘文社）
　　直前突破！1級土木施工管理学科試験問題集（弘文社）
　　直前突破！1級土木施工管理実地試験問題集（弘文社）
　　直前突破！2級土木施工管理学科・実地問題集（弘文社）
　　よくわかる！　2級土木施工管理 学科（弘文社・共著）
　　よくわかる！　2級土木施工管理 実地（弘文社・共著）
　　よくわかる！　1級土木施工管理 学科（弘文社・共著）
　　よくわかる！　1級土木施工管理 実地（弘文社・共著）
　　はじめて学ぶ2級土木施工管理 Q&A（弘文社・共著）

弊社ホームページでは，書籍に関する様々な情報（法改正や正誤表等）を随時更新しております。ご利用できる方はどうぞご覧下さい。http://www.kobunsha.org
正誤表がない場合，あるいはお気づきの箇所の掲載がない場合は，下記の要領にてお問合せ下さい。

4週間でマスター
1級土木施工管理技士補 技術検定問題集 第1次検定対策編

| 編　　　著 | 國　澤　正　和 |
| 印刷・製本 | 亜細亜印刷株式会社 |

発 行 所　株式会社 弘文社
〒546-0012
大阪市東住吉区中野 2 丁目 1 番27号
☎ (06)6797-7441
FAX (06)6702-4732
振替口座　00940-2-43630
東住吉郵便局私書箱 1 号

代 表 者　岡　﨑　　靖

落丁・乱丁本はお取り替えいたします。